落实"中央城市工作会议"系列
装配式建筑丛书

装配式建筑设计

顾勇新　王志刚　编著

U0285291

中国建筑工业出版社

顾勇新

中国建筑学会原副秘书长；现任中国建筑学会监事、中国建筑学会建筑产业现代化发展委员会副主任、中国建筑学会工业化建筑学术委员会常务理事；教授级高级工程师，西南交通大学兼职教授。

具有三十年工程建设行业管理、工程实践及科研经历，主创项目曾荣获北京市科技进步奖。担任全国建筑业新技术应用示范工程、国家级工法评审及行业重大课题的评审工作。

近十年主要从事绿色建筑、建筑工业化的理论研究和实践探索，著有《匠意创作——当代中国建筑师访谈录》《思辨轨迹——当代中国建筑师访谈录》《建筑业可持续发展思考》《清水混凝土工程施工技术与工艺》《住宅精品工程实施指南》《建筑精品工程策划与实施》《建筑设备安装工程创优策划与实施》等著作。

王志刚

建筑学博士，国家一级注册建筑师，HUB-OFFICE设计总监。

从业期间参与和主持多项省市重点建筑工程项目设计工作，并多次在国际建筑设计竞赛中获得奖项。现主要致力于室内装配式建筑产品的研究，主要方向为既有建筑改造系列产品和养老建筑系列产品的研发与应用，已完成项目有大连亿达百年住宅项目、北京公园大道既有建筑装配式改造项目、沈阳多福小区既有建筑装配式改造项目等。

总序

顾勇新

党的十九大提出了以创新、协调、绿色、开放和共享为核心的新时代发展理念，这也为建筑业指明了未来全新的发展方向。2016年9月，国务院办公厅在《关于大力发展装配式建筑的指导意见》（国办发〔2016〕71号）中要求："坚持标准化设计、工业化生产、装配化施工、一体化装修、信息化管理、智能化应用，提高技术水平和工程质量，促进建筑产业转型升级"。秉承绿色化、工业化、信息化、标准化的先进理念，促进建筑行业产业转型，实现高质量发展。

今天的建筑业已经站上了全新的起点。启程在即，我们必须认真思考两个重要的问题：第一，如何保证建筑业高质量的发展；第二，应用什么作为抓手来促进传统建筑业的转型与升级。

通过坚定不移的去走建筑工业化道路，相信能使我们找到想要的答案。

装配式建筑在中国出现已60余年，先后经历了兴起、停滞、重新认识和再次提升四个发展阶段，虽然提法几经转变，发展曲折起伏，但也证明了它将是历史发展的必然。早在1962年，梁思成先生就在人民日报撰文呼吁："在将来大规模建设中尽可能早日实现建筑工业化……我们的建筑工作不要再'拖泥带水'了。"时至今日，随着国家对装配式建筑在政策、市场和标准化等方面的大力扶持，装配式技术迈向了高速发展的春天，同时也迎来了新的挑战。

装配式建筑对国家发展的战略价值不亚于高铁，在"一带一路"规划的实施中也具有积极的引领作用。认真研究装配式建筑的战略机遇、分析现存的问题、思考加快工业化发展的对策，对装配式技术的良性发展具有重要的现实意义和长远的战略意义。

装配式建筑是实现建筑工业化的重要途径，然而，目前全方位展示我国装配式建筑成果、系统总结技术和管理经验的专著仍不够系统。为弥补缺憾，本丛书从建筑设计、实际案例、EPC总包、构件制造、建筑施工、装配式内装等全方位、全过程、全产业链，系统论述了中国装配建筑产业的现状与未来。

建筑工业化发展不仅强调高效，更要追求创新，目的在于提高品质。"集成"是这一轮建筑工业化的核心。工业化建筑的起点是工业化设计理念和集成一体化设计思维，以信息化、标准化、工业化、部品化（四化）生产和减少现场作业、减少现场湿作业、减少人工工作量、减少建筑垃圾（四减）为主，"让工厂的归工厂，工地的归工地"。可喜的是，在我们调研、考察的过程中，已经看到业内人士的相关探索与实践。要推进装配式建筑全产业链建设，需要全方位审视建筑设计、生产制作、运输配送、施工安装、验收运营等每个环节。走装配式建筑道路是为了提高效率、降低成本、减少污染、节约能源，促进建筑业产业转型与技术提升，所以，装配式建筑应大力推广和倡导EPC总包设计一体化。随着信息技术、互联网，尤其是5G技术的发展，新的数字工业化方式必将带来新的设计与建造理念、新的设计美学和建筑价值观。

本丛书主要以"访谈"为基本形式，同时运用经典案例、专家点评、大讲堂等手段，努力丰富内容表达。"访谈录"古已有之，上可溯至孔子的《论语》。通过当事人的讲述生动还原他们的时代背景、从业经历、技术理念和学术思想。访谈过程开放、兼容，为每位访谈者定制提问，带给读者精彩的阅读体验。

本丛书共计访谈100余位来自设计、施工、制造等不同领域的装配式行业翘楚，他们从各自的专业视角出发，坦言其在行业发展过程中的工作坎坷、成长经历及学术感悟，对装配式建筑的生态环境阐述自己的见解，赤诚之心溢于言表。

我们身处巨变的年代，每一天都是历史，每一个维度、每一刻都值得被客观专业的方式记录。本套丛书注重学术性与现实性，编者辗转中国、美国和日本，历时3年，共计采集150多小时的录音与视频、整理出500多万字的资料，最后精简为近300万字的书稿。书中收录了近1800张图片和照片，均由受访者亲自授权，为国内同类出版物所罕见，对于当代装配式建筑的研究与创作具有非常珍贵的史料价值。通过阅读本套丛书，希望读者领略装配式建筑的无限可能，在与行业精英思想的碰撞激荡中得到有益启迪。

丛书虽多方搜集资料和研究成果，但由于时间和精力所限，难免存在疏漏与不足，希望装配式建筑领域的同仁提出宝贵意见和建议，以便将来修订和进一步完善。最后，衷心感谢访谈者在百忙之中的积极合作，衷心感谢编辑为本丛书的出版所付出的巨大努力，希望装配式建筑领域的同仁通力合作，携手并进，共创装配式建筑的美好明天！

前言

王志刚

《装配式建筑设计》作为《装配式建筑对话》（第一辑）的续篇，本辑将通过对话访谈与案例分析相结合的模式，重点从设计实践角度介绍当代中国装配式建筑领域较有影响力的十位建筑师的设计理念与代表作品。他（她）们对具体项目设计经验和感想的分享，让我们对装配式建筑的设计实践有了更为深刻的认知。

袁烽作为国际建筑智能建造界的领军人物，近年来一直致力于智能建造的实践与探索。在上海西岸世界人工智能大会B馆项目中，袁烽从整体思路上打破了常规会展建筑的设计建造方式，以一套整合材料系统、性能化参数、建造方式的数字设计方法进行设计，并以超轻型、快速准确的智能建造技术进行建造，实现了工业化、智能化的具体实践。赵中宇作为中国装配式建筑的领军人物，在二十余年的建筑实践中不仅主持完成了大量的设计作品，还参与了建筑工业化领域多项国家重点课题的研发和国家规范、行业标准的制定。他在中建科技福建闽清构件厂综合管理用房、合肥湖畔新城一期工程等多个项目的实践过程中，提出了让装配式建筑从"标准化"走向"产品化"的设计理念，并逐渐建立起具有独立知识产权的装配式建筑技术体系。赵钿作为国内装配式住宅领域的专家，领衔完成了多项装配式建筑的科研项目和建筑工程设计。他认为装配式建筑是按照系统的理论和方法，包括结构系统、内装系统、外围护系统、设备和管线系统建成的建筑。通过郭公庄一期公租房等一系列装配式建筑项目的实践与探索，他逐渐建立起装配式建筑的系统理论。龙玉峰认为装配式建筑是设计创意、生产工艺和施工工法的完美集成，精细化、标准化设计是实现装配式建筑价值的核心方法。他在深圳龙悦居三期项目等一系列项目实践中，形成了一套具有较强地域适应性的成熟的工业化技术体系。王丹在装配式技术的项目实践中，一直秉持"建筑生命力=建筑功效÷建筑消耗"的观点。他在上海建科集团莘庄园区十号楼项目中，从绿色健康、提升性能、技术实践、效果验证等几方面综合考虑，实现了"绿色化、工业化、数字化"三化合一。徐颖璐在项目科研创新应用方面，重点研究拓展百年住宅技术体系的研发与应用。在常州的新城帝景北区百年住宅等项目中，她坚持可持续发展建设基本理念，努力将建筑长寿化、建设产业化、品质优良化、绿色低碳化的先进的人居概念推向市场。董灏认为装配式思维是通过装配式的手法，实现整体建造的简化，同时将更多设计投入和资源用于重点的局部，以最大化地体现空间特色。在深圳市坪山区锦龙学校项目中，通过装配式建筑技术的运用，在有限的预算内，为师生创造了丰富而有教育前瞻性的空间体验。佘龙将"源于技，达于艺"作为装配式建筑设计的出发点和最终目标。他主持设计的成都远洋太古里项目，采用了装配式钢结构体系，通过色彩、建材、工法工艺建构、营建体系和装饰处理，以现代方式重新演绎西蜀传统风格，实现了历史的延续。廖方认为发展建筑工业化和预制装配式的根本目标是要提高建筑品质，最大程度发挥装配式的优势，需要把装配式作为一种设计方法贯穿设计始终。苏世龙从当代中国的时代背景出发，认为"装配式+智能建造"对于中国建筑行业来说是一个新的契机。他领衔打造的中建科技装配式建筑智慧建造平台，将融合设计、采购、生产、施工、运维的全过程，通过智慧科技手段来推动中国建筑产业的变革。

近年来，我国的新型装配式建筑快速发展，但从全行业范围来看，有这方面设计实践经验的建筑师还是少数。这就需要扩大这一方面的交流和讨论。中国装配式建筑事业的发展离不开对建筑充满执着和热情的相关研究者、实践者，《装配式建筑丛书》将进一步梳理既有的科研成果和产品经验，联合各方资源，以促进装配式建筑进一步的应用、推广和普及。

目录

袁烽

同济大学建筑与城市规划学院教授，博士生导师；麻省理工学院（MIT）客座教授；中国建筑学会计算性设计学术委员会副主任委员；中国建筑学会建筑师分会、数字建造学术委员会理事；上海市数字建造工程技术中心学术委员会主任。

主要专注于建筑数字化建构理论、建筑机器人智能建造装备与工艺研发，并在多项建筑设计作品中实现理论与实践融合，一直积极推广数字化设计和智能建造技术在建筑学中的应用。

已出版中英文著作10本，多次特邀在哈佛大学、麻省理工学院、哥伦比亚大学、密西根大学、苏黎世联邦理工大学等校讲座，其设计曾多次参加国内外展览，屡获国际、国家级各类奖项。

设计理念

人机协作共创数字未来。

专注探寻人机协作时代的数字人文场所精神。

回到未来视角，审视当下"人类世"的建筑实践的意义。机器作为思考与建造的双重工具，成为人的主体性的延伸，工具已经不仅仅是主客体之间的实现媒介，而正在成为彼此。参数化设计方法并没有成为形式主义的温床，而正在成为人机协作的载体，重新建立起了从"意图"到"建造"之间的全新连接。

访谈现场

访谈

Q 近几年关于建筑"装配式"的讨论一直很热烈，请谈一谈你对"装配式"建筑的理解。

A "装配式"一般相对应的是"现场建造"，任何非现场的建造都可以称为"装配式"，英文叫"off-site"，而"现场建造"就是"in-situ"。现场建造的好处就是所有施工过程都可以在现场调整，以及建造对于现场环境的适应性比较准确；那么缺点就是所需现场施工人员较多，现场作业时间也比较长，这也就是后来为什么人们越来越倾向于发展"装配式"建造方法的原因之一。另外，对于"现场建造"的另一个批判性观点就是资源浪费问题。由于现场工作量大，大型的脚手架、大型的装配措施以及对于建筑材料的损耗往往会带来大量的浪费。而在施工过程中，对周遭环境所带来的粉尘污染和噪声污染也是不容忽视的。同时，在现代主义风格出现以后，一种简洁的、可重复的建筑语言慢慢走入人们的视线。以柯布的现代建筑五要素为例：带形窗，框架柱，水平楼板等，这些现代主义风格的元素仿佛都是可构件化的，抽象一点理解也就是这些"工作"都是可以重复的。这就使人们开始思考批量化的生产和工厂预制加工的可能性。而建筑工业化的发展以及钢、玻璃、混凝土等复合材料的大量使用使得建造具备了批量生产的能力。

Q 你们对装配式发展，从建筑学的角度进行了一系列研发，请介绍一下近期的一些成果。

A 我们的研发主要分为三部分。第一是硬件设施，硬件设施又分为预制化和现场。预制化装备就比如您刚才在工厂里看到的。这套装备在世界上也算比较尖端的，同时现场装配装备也在升级。

有了硬件设施之后，第二就是工艺。为什么要做这些装备呢？虽然机器有着通用性，但是其独特的个性还是通过工艺来实现的。工艺很多时候只有建筑师懂。比如说木结构、钢结构、混凝土打印、陶土打印这些都属于工艺范畴。我们现在集成了12套工艺在这个装备上，使其可以应对多种生产的需求。

第三，有了装备，有了工艺之后，还得能操作机器，也就是要打通建筑设计与机器人控制。以前操作都依靠做机械的工程师，但是工程师又不懂建筑设计，懂建筑懂机械的人又不懂计算机编程，懂计算机编程的人又不懂材料。所以这是一个高度跨学科的实践。我们现在涉及建筑、结构、土木、机械、计算机控制、材料学甚至机器人智能现场感知等，需要探索如何整合多个学科。又比方说我们对材料的探索。目前我们3D打印所用的改性塑料材料是我们自己实践研究配比出的，以达到性能的最优。2018年威尼斯双年展中展出的3D塑料打印"云市"项目，在威尼斯暴晒了7个月，依旧结构坚固。这就是材料学。

2018威尼斯建筑双年展中国馆室外展亭"云市"

同时，每个学科也都需要做到比较拔尖才可以良性合作。如果设计本身不要求复杂的加工技术、复杂的结构运算，那么也就不需要复杂的机械设备和工艺。所以这一切都是相辅相成的。对此，我们研发了独立的软件，所有代码是我们自己研发自己写的，拥有著作权，之后可以把它植入在不同平台。要独立控制这些设备，就得有自己的软件。我们的特长是在智能装备、智能工艺、智能软件这三方面。装备上我们有发明权，工艺是我们发明的，软件也是我们发明的，将来我们可以脱离现在已有的软件，脱离其他国家定的标准，今后的发展也就不受阻了。

Q 预计什么时候可以投入量化？

A 从2009年我从美国做访问学者归来开始算，现在是2019年，整整十年的时间。我们的一些工艺已经开始量化了。比如利用木结构预制化生产。我们在四川乡村用52天时间造了1800平方米的乡村文化社区中心——竹里，随后二期又用相同的加工建造方式完成了6间民宿以及其他乡村设施，使这个有着82户农家的小乡村一下成了示范乡村，成了"网红"乡村。一到周末附近的人们都开着车来这里度假。我们将这种预制化加工方式与地方性的传统的木头、青瓦材料相结合，变成了当地人能看懂的设计语言，创造了一种既熟悉又陌生的亲切感。

四川省崇州市道明镇竹艺村

Q 对成本是否进行控制，与传统建造比较是否高不少？

A 土建成本比传统的建造方式要高20%，但是预制化加工完成后外露的建筑部分是没有任何装饰的，省去了装修的费用。比如说我们现在所在的这个建筑（五维茶室），一般浇完混凝土还要抹砂浆，做粉刷，甚至做吊顶，这些在这里都省去了。由于形状异形，本身土建的费用还是要贵一些的，但是如果把装修这些加进来看总成本的话，那相差就不大了。

上海军工路五维茶室

Q 那么你未来十年的规划是什么样的？

A 未来十年我觉得第一，是要建立一个生产知识的团队。在学院的支持下，我们组织成立了一个"Digital FUTURES数字未来"国际博士生项目，专门研究"数字设计与智能建造"方向。我们不仅师资来自全球，也面对全球招生来扩大研发力量。第一年这个项目共招了3个国际博士生，加上我本身在同济的学生，我目前总共有4名博士2名博士后。我也希望未来十年可以把这个团队做大，有更多的核心人才加入我们。未来的发展一定不是通过一个人来完成的，而是要有一个团队做支持，不断地更新细节，不断地往前走。而这些学生将来毕业以后，无论是到设计院、生产方还是高校，他们对产业、行业的影响都是不可估量的。这是我作为一个教育者最想看到的。

第二个计划是加强产业的落地。现在人们肯花高价买市场上现有的软件，那么当我们的软件上市时，能不能得到大众的认可？我们还是要找到一个研发的出口，需要创造被社会认可的核心价值。

第三还是要推进我们研发工艺在示范工程中的运用。我们现在设计研发的一体化平台，可以做到在外界支持不够的情况下，自己也能闭环做设计与施工。自己设计，自己说服业主，自己建造，这样逐步开始有作品有项目出来，也变是一种比较独特的实践方式。我们接下来还要继续做。

Q 这种"独特"实践方式，是否有选择几个方向？

A 我们现在的项目有几大方向，其中主要是文化、展示类的。我们去年（2018）完成了上海西岸世界人工智能大会的主会场之一B馆，一个8000多m²的展示中心。同时也在城市周边进行了大量预制产业化实践，多数是一些小尺度、定制化的项目。我们的项目尺度都不太大，几乎都是几千平方米上下的。尺度过于大的项目还是需要依靠大产业的支持。我们不断地通过示范工程来验证来说明我们这些技术确实是行得通的，而且实施效率也很高。

我自身的教育背景是融合的。中国传统教育下按部就班的设计基本功我们要学习遵守，同时西方的批判性思维以及能够跳出本体的研发能力和个性化我们也在学习。我们团队一直在探究新技术与传统的结合，为的就是使技术能更适应中国的语境，更适合中国的文化传承。

Q 现在中国对装配式建筑不同的声音也很多，你对这一点是怎么看的？

A 这个的核心之一是结构安全性的问题。装配式结构的本体是离散化。比如说混凝土，我们称之为"等同现浇"，也就是虽然不是现浇，但是通过强化节点来达到现浇的效果。换句话说也就是装配式节点的强度要大于构件本身的强度。在传统建造方式中，楼板、柱子这类构件一般通过现场浇筑完成。现浇是均质的，它的强度是一样的。而预制装配化是将构件再组装，要使装配式节点的强度等于甚至大于其实际的强度，这个就是"等同现浇"。但是这其中的问题也很明显。虽然理论上是等同的，甚至强过自身材料，但是在实施过程中是很受工人操作实施限制的，有不稳定性也有一定的不可控性，这是预制装配化常被批判一点。

第二就目前中国来看，由于易于组织，现场施工成本还是比较低的。预制装配化涉及工厂、物流、现场施工等多个步骤，这其中就随之产生了成本，导致了装配化的土建成本往往比现浇高很多。但是未来，随着我国人工成本的提高，尤其是接下来的十年发展，贵与便宜的概念可能也会发生改变。

第三是目前预制工厂的适应性不强。目前个性化的需求太多，同时对应的模具就要多，许多工厂还跟不上。两个项目可能需要两套完全不同的楼梯，也就代表着需要两套不同的模具。目前还是有很多工厂跟不上这个发展速度吧。

图1　西岸世界人工智能大会B馆鸟瞰图

2018上海西岸世界人工智能大会B馆

设计时间	2018年
竣工时间	2018年
建筑面积	8885m²
地　点	中国上海

2018年9月17-19日，世界人工智能大会在上海西岸举行。

作为大会主会场之一，B馆的设计工作从2018年4月启动，建造实施也紧凑地于2018年6月展开，并在2018年9月顺利实现了8885m²的空间呈现。我们通过简练的形式、人机协作和全预制装配结构体系快速实现了一次建筑工业化、绿色化以及智能化的具体实践，完整呈现了建筑绿色智能建造的系统化解决方案。

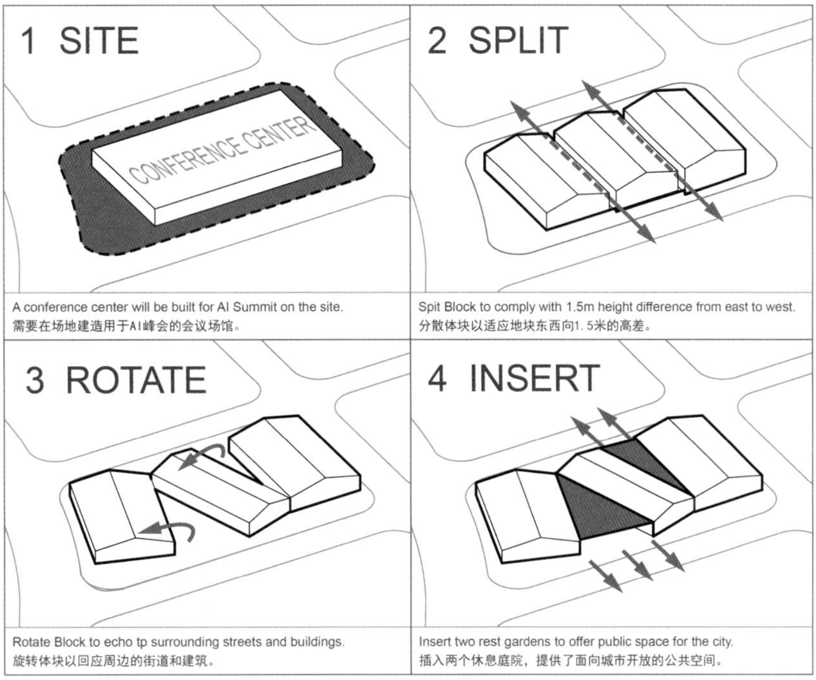

1 SITE

CONFERENCE CENTER

A conference center will be built for AI Summit on the site.
需要在场地建造用于AI峰会的会议场馆。

2 SPLIT

Spit Block to comply with 1.5m height difference from east to west.
分散体块以适应地块东西向1.5米的高差。

3 ROTATE

Rotate Block to echo tp surrounding streets and buildings.
旋转体块以回应周边的街道和建筑。

4 INSERT

Insert two rest gardens to offer public space for the city.
插入两个休息庭院，提供了面向城市开放的公共空间。

图2　城市关系

西岸峰会B馆的体量构思充分回应了西岸滨江的城市肌理，根据未来展览、峰会、论坛等功能需要被有机划分为三个主体体量，同时首尾相连的平面几何也形成了简洁的整体性。空间几何的自然扭动，与城市街道以及周边建筑取得肌理上的呼应的同时，也成了两个三角形的绿色入口公园——有遮蔽、半开放的共享城市空间。进入这个空间，木结构的网壳屋顶带来扑面而来的温暖气息。白色与木色的交融既是一种意外惊喜，也是让人欣喜并愿意停留、交往的空间场景。西岸峰会B馆主体量采用了最基本的坡屋顶建筑语汇，简洁的结构几何逻辑使其最符合快速建造的要求，并可以最大化地适应未来的不同使用需要。

图3　温暖的木结构
网壳屋顶

B馆项目尝试重新定义从设计到建造的整个流程；数据模型在一定程度上取代了通常意义上的图纸成为形式、结构、预制加工和现场安装的媒介；通过数字化智能几何找形、参数化力学建造优化方法以及平行数据指导数字工厂加工和建造的方法，尝试重新定义建筑各个环节智能化的不同推进方式，实现智能化设计建造一体化实践。

图4　西岸世界人工智能大会B馆绿色入口公园　　　　图5　B馆立面

考虑到时间有限，三个会议空间通过瑞德尔装配式展览建筑篷房体系实现，采用模块化装配的铝合金排架结构。

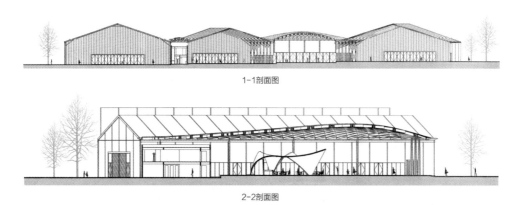

1-1剖面图

2-2剖面图

图6　B馆剖面图

轻铝结构具有体系成熟、施工精准、配套成熟的特点，而且是目前已知的单方材料重量最小的遮蔽建筑体系；考虑峰会快速搭建的需要，建筑模数和典型立面尽量采用了常规化的体系内产品；同时为提高主立面的城市完整度，通过精致化的十字钢龙骨体系和聚碳酸酯板结合的半隐框幕墙来提升立面品质；十字化的龙骨处理形成了半透明的空间质感，优雅地实现了城市空间和会展空间的切换和过滤；主入口略微收进，利用屋顶空间的延伸形成入口廊下空间，暗示主立面入口的所在，但超人的尺度又不鼓励人做过多停留，以配合大量人流进出的管理需要。

图7 单榀排架单元吊装为整体结构

　　共享花园被主体量自然地围合成一大一小两个三角形，并通过数字预制化木构拱壳顶棚加以覆盖；大庭院屋顶跨度约为40m，结构厚度仅为0.5m，是全球单元材料最省的互承式钢木结构屋顶。

图8 B馆入口公园

通过数字化的力学找形，木构屋顶整体微微起拱，实现了力学的合理布置。整体木构拱架的侧推力通过周围的横向布置钢桁架得以平衡，并在三个角部通过局部加强。内侧木构拱壳全部优化为互承方式的双幅中空叠合式木梁，并通过计算机二次找形优化所有木梁的几何尺寸，使得单根木梁在胶合时做到材料最优，安装时3～4个工人就可以搬运，也提高了现场的安装效率。

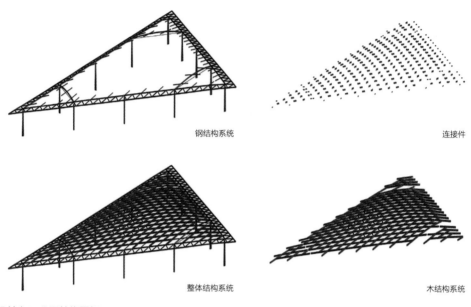

钢结构系统　　　　　　　　　　连接件

整体结构系统　　　　　　　　　木结构系统

图9　B馆入口公园结构图解

所有的梁头通过参数化的方式进行非标设计优化，并通过平行数据指导数字工厂进行节点数字化铣削和开孔加工。连接件采用了标准化的中空铝构造，进一步减轻了屋顶重量，同时方便预制加工与现场施工组织。

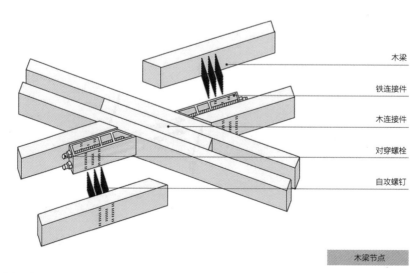

木梁

铁连接件

木连接件

对穿螺栓

自攻螺钉

木梁节点

图10　木梁节点图解

2000m²的木壳部分现场仅仅29天的施工周期，全部通过预制拼装的方式得以实现。顶棚在侧面微微高于主会议空间，这样可以形成更好的地面通风效果。顶部通过聚碳酸酯瓦楞板加以覆盖，光线经过几层过滤后洒在共享花园中。

图11　黄昏下的入口公园

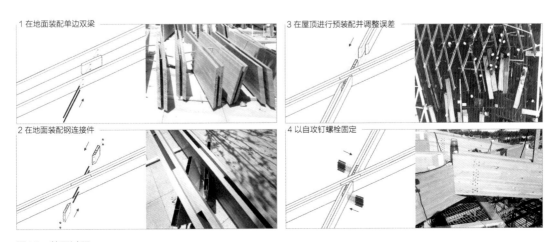

图12　装配过程

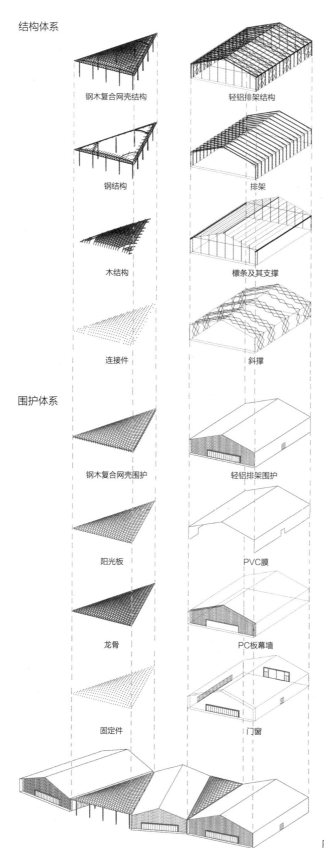

结构体系

钢木复合网壳结构　　　　轻铝排架结构

钢结构　　　　排架

木结构　　　　檩条及其支撑

连接件　　　　斜撑

围护体系

钢木复合网壳围护　　　　轻铝排架围护

阳光板　　　　PVC膜

龙骨　　　　PC板幕墙

固定件　　　　门窗

图13　B馆整体结构图解

　　项目最大的挑战来自紧迫的时间，场馆的设计与建造仅有100天。但挑战的同时也意味着机遇：建筑设计从整体思路上打破了常规会展建筑的设计建造方式，以轻型建筑预制化快速建造实现，结合数字设计与智能建造方法，实现了材料、结构与形式的优化。

　　通过模块化的轻铝排架场馆和钢木复合网壳屋的设计与建造，西岸人工智能峰会B馆项目探索了未来的建筑设计和建造方式：建筑以一套整合材料系统、性能化参数、建造方式的数字设计方法实现了设计，并以超轻型、快速准确的智能建造技术进行建造，实现了工业化、智能化的具体实践。在呼应人工智能峰会主题的同时，建筑也为西岸滨江注入了空间的独特性和吸引力。

项目小档案

项 目 名 称：上海西岸世界人工智能大会 B 馆
地　　　点：上海市徐汇区龙腾大道
建 设 单 位：上海西岸开发（集团）有限公司
建 筑 设 计：上海创盟国际建筑设计有限公司
施工总承包：宏润建设集团股份有限公司
数 字 建 造：上海一造建筑智能工程有限公司
景　　　观：上海溢柯园艺有限公司
主创建筑师：袁烽
设 计 团 队
主场馆建筑：韩力　金晋磎　林磊　黄金玉　张啸
咖啡亭设计：李策　徐纯　高思捷　黄桢翔
室　　　内：何福孜　唐静燕
结　　　构：张准　沈俊超　黄涛　王瑞
机　　　电：俞瑛　王勇　魏大卫
数 字 建 造：张雯　王徐炜　彭勇　张立名　李策　万智敏　徐纯　高思捷　黄桢翔
摄　　　影：田方方
整　　　理：吕凝珏　刘天瑶

赵中宇

在二十余年的建筑实践中,主持完成大量的设计作品,对建筑的形式与功能、继承与发展、经济和文化等方面,形成了较为深刻的理解和认识。同时,致力于BIM技术及建筑工业化领域的科技研发工作,主持国家"十三五"重点研发计划课题"主体结构与围护结构、建筑设备、装饰装修一体化、标准化集成设计方法及关键技术研究"、国家"十二五"科技支撑计划课题"预制装配式建筑设计、设备及全装修集成技术研究与示范",主编国家标准图集《装配式混凝土结构住宅建筑设计示例(剪力墙)》,参编国家规范《装配式混凝土结构建筑技术规范》、行业标准《装配式建筑评价标准》《工业化住宅尺寸协调标准》《建筑工程设计信息模型应用标准》《装配式混凝土结构住宅建筑技术措施》。

设计理念

以建筑创新生活，以技艺传承文化，以匠心筑建未来。

装配式建筑既是一种工程建造方式的革新，更是一场项目管理模式的革命，通过装配式技术的推广应用，可以有效地统筹设计、生产、施工、装修以及运维等各个环节，从而重塑现有的工程组织流程，使中国的建筑业从"手工思维"转向"产业思维"，从"现场建造"走向"工厂制造"，从"提高数量"迈向"提高质量"，为建筑行业转型升级谱写新的篇章。

访谈现场

访谈

Q **你做的第一个装配式建筑项目是哪个？**

A 装配式建筑的设计与建造是一个系统性非常强的生产组织过程，我心目中能达到该标准的第一个项目是2014年10月中标的安徽合肥的湖畔新城一期工程，该项目是由地方政府主导的保障性住房项目，总建筑面积为63万m²，建筑层数为33层，装配率达到了50%。当时合肥市政府推广装配式建筑的力度非常大，采用EPC模式进行招标。但是招标前，规划设计工作已经完成，建筑布局、户型设计乃至建筑风格也已经确定，我们设计团队不甘心于仅对已有的建筑设计进行简单的"拆分"，而是希望遵循装配式建筑的技术特点，兼顾构件生产、现场安装的要求，与政府主管部门、开发建设单位、构件生产企业就生产工艺、施工工法、装修标准、工程投资以及建设工期反复进行沟通，在满足单元位置不变、户型数量不变、户型面积不变、建筑风格不变的前提下，重新进行装配式建筑设计优化，经过一遍一遍推敲与调整，最终这套户型得到了当地政府和回迁居民的一致认可。

合肥湖畔新城一期工程解决了项目装配式建筑的几个关键性问题：第一是采用了"模块式"设计方法，即由"功能模块"组合"套型模块"，再由"套型模块"组合"单元模块"，从而形成了系统性的逻

合肥湖畔新城

湖畔新城立面层次

辑体系；第二是解决了装配式建筑的"接口"问题。大到相邻"套型模块"间的接口，小到"功能模块"间的接口，都采用合理的标准化设计原则；第三是优化了纵横墙的结构受力体系，避免了外墙复杂的凹凸变化，既有利于复合外墙板的加工与安装，又有利于优化建筑体型系数，提高建筑保温性能，同时还满足结构力学要求，有效控制了建设成本；第四是优化构件种类，通过模数协调，将PC构件类型控制到最少，贯彻"少规格、多组合"的装配式建筑设计原则；第五是探索了工业化建筑的建筑风格多样性问题，通过构件连接的现浇区与PCF板的结合，形成竖向壁柱，丰富了建筑立面层次，满足了政府已经批准的ArtDeco风格要求。

此后，在合肥的其他保障房项目中，我们进一步提出了将装配式建筑从"标准化"走向"产品化"的设计理念。将保障性住房划分为六种户型产品，面积标准为60m^2、75m^2、90m^2、105m^2、120m^2、135m^2，另外公共交通核也是标准化模块，不同种类的户型模块均可进行任意组合，满足社区户型配比的要求。通过产品化的设计，实现了优化构件类型、降低建设成本、控制建筑周期、提高建设效率、提升住宅品质的目标，真正体现了装配式建筑"两提两减"的技术特征，这套产品在合肥市其他保障房项目中得到了广泛应用。

Q　你做过的个人比较满意的能体现自己理念的装配式建筑项目是什么？

A　做了这么多年的装配式建筑设计，让我倾注精力最多的项目反倒是一个6000m^{2}的小型综合楼——中建科技福建闽清构件厂的综合管理用房。该项目集办公会议、交流展示、检测车间、员工宿舍以及厨房食堂于一体，采用装配式混凝土框架结构，装配率达到90%。项目虽然规模不大，但却集合了装配式建筑、绿色建筑、超低能耗、中美清洁能源示范等多项前沿技术，设计了最简单的板式建筑布局，借鉴福建地区传统建筑中通风冷巷、建筑遮阳、透空花窗的原理，用现代建筑语言进行演绎，运用统一的预制遮阳板营造了强烈的秩序感，最大化地降低了构件的种类，提高了建设效率，满足了节能环保要求；同时，这个项目的室内设计是建筑师基于装配式技术主导完成，真正意义上实现了"装修一体化"的目标。

保障性住房户型

闽清构件厂综合管理用房

Q 目前从全国来讲装配式处于什么阶段？到技术成熟大概还需要多少年？

A 乐观地看，我认为至少还需要10年的时间，为什么这么说呢？对标国外装配式建筑的发展，由于第二次世界大战后欧洲城市被战火摧毁得满目疮痍，原有砖石结构的建造速度远远满足不了经济复兴、产业复苏的需求，因此采用混凝土、钢结构技术的现代主义建筑应运而生，这里也包括了装配式建筑。国外推动装配式建筑发展的一个重要原因是人工成本的增加，目前中国民工荒端倪初现，总有一天我国的建筑企业会像欧美一样，将现场的工作大量转入工厂制作。

欧美的装配式建筑悄然走过了80年，日本的装配式建筑也已默默耕耘了40年，而目前我国的装配式建筑还在起步阶段，2016年可以说是中国装配式建筑的元年。欧美的装配式建筑由于生活模式的要求，以别墅和多层居多，日本的装配式建筑由于地震设防的要求，以多层和中高层居多，而中国的装配式建筑由于土地开发强度的要求，必然以高层为主体大规模建设；欧美装配式建筑的结构体系以钢结构、木结构为主导，日本装配式建筑的结构体系以钢结构、混凝土结构为主导，而中国装配式建筑的结构体系在一定时期内，必然会在经济和技术的制约下，以混凝土结构尤其是剪力墙体系为主导。他山之石虽然可以攻玉，但是简单复制和借鉴国外的先进技术，对建立我国的装配式建筑体系帮助是有限的，装配式建筑技术在我国本土化发展仍然任重道远，大量的基础性研究工作仍需要不断探索与实践。

Q 现在很多人开始关注室内装修的装配式，认为内装的装配式应该大力发展，你认为室内装配式装修的发展前景如何？

A 装配式内装具有非常广阔的市场前景，这也是提高装配式建筑生活品质的有效手段。在装配式建筑评价标准中，明确提出了装配式建筑全装修交付的要求，这就意味着未来我们将告别"毛坯房"时代，因此可以乐观地预判装配式内装市场潜力无限。

装配式内装的建筑部品由车间生产加工完成，因此装修品质可以得到保证，现场大量的装修作业倡导采用无水作业、干式工法作业，工作效率高，人工成本低，环境影响小，采用装修一体化设计与施工，装修工作可随主体施工同步交叉进行。另外，如果一个建筑的寿命是50年，那么管线使用大约10～15年就需要更换，考虑到建筑的管线和建筑主体结构的寿命是不同步的，为了避免给建筑带来隐患从而影响使用品质，理想状态应该是做到管线分离，管线分离技术的应用极大地方便了建筑使用过程中设备的维护与更新。

Q 你认为整体卫浴、整体厨房在中国的发展前景如何？

A 我认为应该更广义地理解整体卫浴、整体厨房这个概念。受运输和吊装的限制，传统的整体卫浴尺度过于局促，使用上品质和舒适性有一定欠缺，因此我认为未来发展更有前景的应是"集成卫浴"和"集成厨房"。集成卫浴由三个系统构成：第一是防水底盘系统，第二是空间围护系统，第三是管线分离系统。集成卫浴内部部品的布置由内装标准化来解决，可以根据使用者的需求，通过标准化接口选择多样化的卫浴部品，这样就能够在实现通用性需求的同时又兼顾个性化需求。集成厨房相对集成卫浴在技术上更简单，但是我个人希望厨房的标准化程度能更高一些，集成度能更高一些，给未来厨房电器的发展预留一定的空间，也给使用者提升生活品质创造前提条件。

Q 请分享一下装配式建筑的体会和经验，归纳起来大概有几个方面？

A 一个新兴事物出现时，人们往往不知不觉地会拿它与既有的事物相对比，对新型装配式建筑而言，对比的主体自然是传统的现浇式建筑。我觉得装配式建筑和现浇式建筑最大的区别是思维模式的区别。

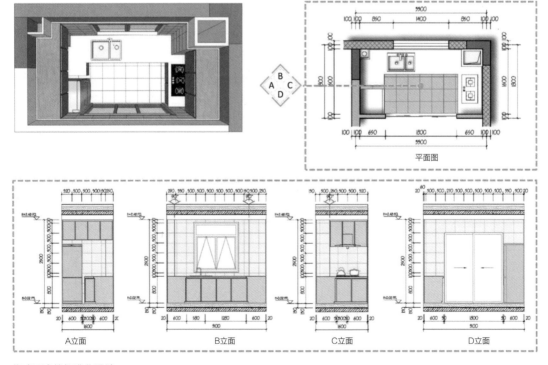

平面图

A立面   B立面   C立面   D立面

集成厨房的标准化设计

首先是逆向性思维模式。现浇建筑的设计是一个从宏观到微观的顺序，而装配式建筑恰恰相反，是从微观到宏观的设计顺序。比如说我们传统的设计思路是根据外部条件规划总平面图，解决好外部交通和功能布局的问题，然后再根据功能要求确定的空间尺度并选择适宜的柱网，再逐步深化其他设计细节。而装配式建筑的设计思路正好相反，先确定基本功能模块，将功能模块组合为标准单元，再由标准单元合理布置满足规划条件要求。

其次是标准化思维模式。标准化设计是装配式建筑实施的基础，遵循"少规格、多组合"的原则，采用模数化、模块化及系列化的设计方法，提高建筑基本模块、连接构造以及设备管线的标准化程度，增加建筑部品、部件的重复使用率，建筑的功能模块、单元模块通过标准化的接口，按照使用功能要求进行多样化组合，同时采用标准化设计思维对装配式建筑使用过程中的维护、替换和更新创造了前提条件。

再次是集成化思维模式。做装配式建筑要有集成化思维，就像一个人有呼吸系统、消化系统、神经系统等等，所有的系统集成在一起构成了一个完整的健康的人。建筑也与人一样，每一个建筑都是由主体结构、围护结构、设备管线、装饰装修这四大系统集成在一起而形成的有机整体，每个大系统下又包含几个分系统，分系统下又包含更下一级的子系统。比如装饰装修系统由天棚、墙面、地面、卫生间、厨房等分系统集成而来，而天棚系统是由面板、龙骨以及支撑等更小的子系统集成而来。

最后是产业化思维模式，所谓"产业化思维"应该是基于全产业链的思考。传统的现浇建筑设计，更多考虑的是设计环节自身的要求，对施工、装修乃至运维环节的要求考虑不够深入；面对装配式建筑的设计，会将后续生产、运输、安装、装修等环节的技术要求都提前反馈到建筑设计环节一并解决。所以我们做装配式建筑设计的时候，首先要做技术策划，技术策划不仅仅是确定采用什么样的装配体系和装配率，更重要的是我们应该了解面对的是什么样的生产企业，什么样的施工团队，他们有什么样的技术能力和生产水平，根据这些条件来提出我们的技术解决方案。所以装配式建筑设计要求设计师应该具备更复合的技术能力和更全面的知识体系，最适合装配式建筑的实施模式应该采用EPC模式。

图1 项目效果图

案例1 中建科技（闽清）绿色科技产业园启动区综合楼

　　中建科技（闽清）绿色科技产业园启动区综合楼位于福建省福州市闽清县，建筑面积6346m²，建筑层数6层，建筑集办公、展览、会议及宿舍等功能为一体。本工程采用预制装配整体式混凝土框架结构体系，装配率为91.3%，达到绿色建筑三星标准和超低能耗建筑标准，是中美清洁能源示范项目之一。

标准化设计

本工程平面设计规整，选取2M为建筑模数,柱网采用8000×8400mm、8000×6000mm两种尺寸,结合构件生产工艺,每个柱跨安装两块外挂墙板,外挂墙板上开窗方式、窗口尺寸遵循标准化要求,通过反复计算机模拟和视觉效果对比,确定统一的遮阳板尺寸规格,实现了装配式建筑"少规格、多组合"的设计原则。

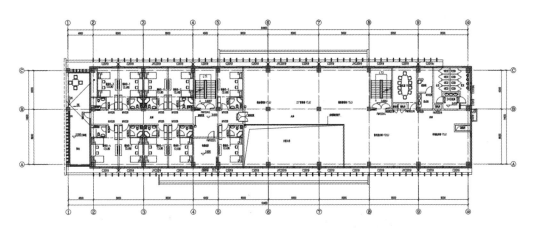

图2　二层平面图

图3　实景人视图

图4 立面肌理混凝土的运用

本工程集功能性、展示性、示范性于一身，在满足多种建筑功能的前提下，充分展现装配式建筑的技术与工艺，同时兼顾绿色建筑的要求，因此立面设计时，运用大面积的预制遮阳板强化建筑的秩序感和工业美，为了活跃立面效果，局部有规律地设置六组大窗，使立面严谨中不显沉闷，统一中富有变化。为验证新工艺，设计中有意识地在建筑的近人尺度采用装饰混凝土、肌理混凝土预制板，丰富空间效果。

装配化技术

中建科技（闽清）绿色科技产业园启动区综合楼采用装配整体式混凝土框架结构体系，应用的预制构件有：预制柱、预制叠合梁、预制叠合板、预制复合外挂板、预制内墙板、预制楼梯板和预制女儿墙等。柱子采用600×600的预制柱，上下层柱间钢筋采用了具有自主知识产权的单孔套筒灌浆连接；框架梁采用400×600的叠合梁（叠合层厚度150mm），梁柱节点采用梁主筋插入式；楼板采用四边不出筋形式的叠合板（叠合层厚度80mm）；外墙板采用250mm厚无机保温微孔混凝土复合板，与上层梁叠合层进行湿式连接，结构整体抗震性能良好。

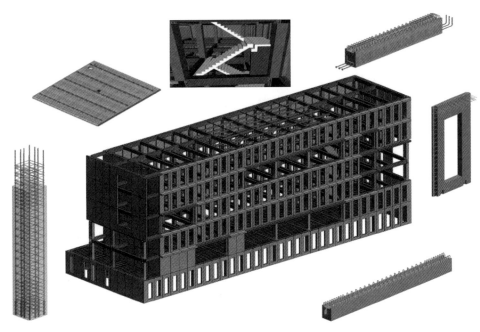

图5　结构整体与预制构件

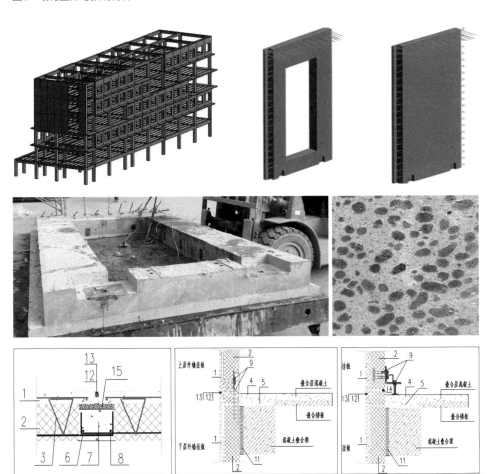

图6　新型无机复合预制混凝土保温外墙板

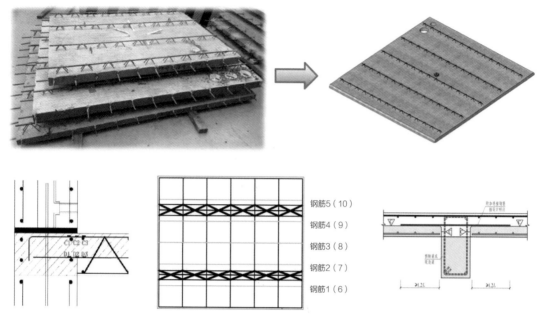

图7　四边不出筋叠合板研究

图8　钢筋套筒灌浆连接

建筑预制外墙板接缝、门窗洞口连接等部位的构造节点设计满足建筑的物理性能、力学性能、耐久性能及装饰性能的要求。本工程防水材料主要采用发泡聚乙烯棒与密封胶，水平缝采用构造防水、材料防水相结合，垂直缝采用结构自防水、构造防水、材料防水相结合。门窗为先装法，减少渗水隐患，提高建筑品质。构造节点见下图：

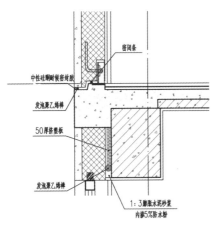

图9 预制外墙板水平缝构造

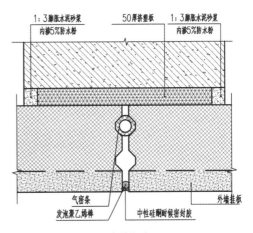

图10 预制外墙板垂直缝构造

一体化装修

本工程采用建筑装修一体化设计，在建筑主体工程设计的同时展开装饰装修设计工作。为突出体现装配式建筑的材料美学，结合建筑空间的功能要求，室内装修设计的基调定位为简约素雅、宁静柔和，色彩以灰色调为基底，适量补入木格栅，一方面活跃空间氛围，同时设计手法与立面语言相呼应。

图11 一体化装修

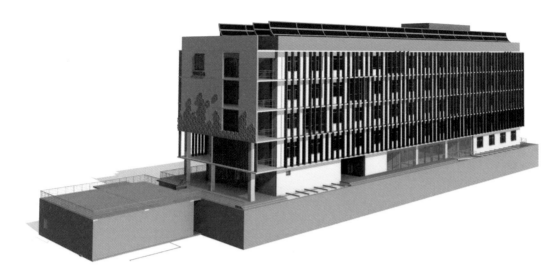

图12　土建三维透视

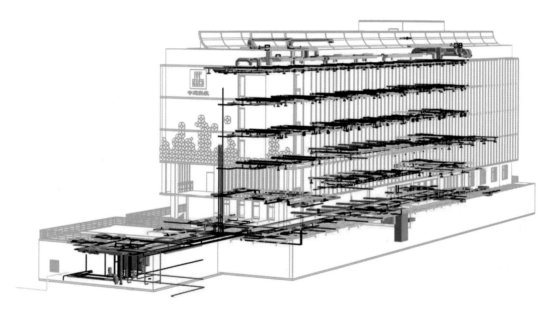

图13　机电三维透视

信息化管理

本工程从设计到施工各阶段全过程应用BIM协同技术。在设计阶段，根据前期技术策划成果指导装配式技术的选用，减少由于设计、生产、施工和装修环节相脱节造成的失误，并分析预制构件的几何属性，持续对预制构件的类型和数量进行优化。

通过基于BIM技术的协同设计平台，对预制构件生产与安装进行了施工模拟，对设备管线进行综合集成，并通过对材料用量的统计，完成优化设计，提高工程质量，实现了BIM技术在装配式建筑设计中的专业协同。

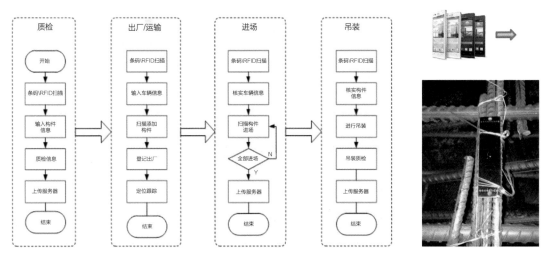

图14　基于物联网技术的预制构件生产、出厂、运输、进场和安装管理

图15　基于手机端ANDRIOD系统的RFID预制构件生产安装管理系统

绿色节能应用

本工程位于夏热冬暖地区，对通风、遮阳有着较高的要求，设计中借鉴闽南传统建筑里的冷巷、遮阳的形式，巧妙与空间设计、装配式技术相结合，在建筑底层设置通风廊道，建筑西侧设置室外空中花园，减少建筑西晒，利用预制遮阳板创造统一的立面效果，形成工业化建筑性格，在能源利用上，评估当地日照状况，采用太阳能空调新型技术，为降低能耗做出贡献。

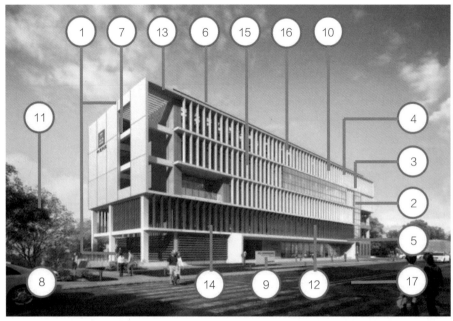

1 绿化（垂直屋顶）
2 自然采光
3 外窗开启
4 高性能围护结构
5 固定遮阳系统
6 太阳能空调系统
7 高效节水器具
8 雨水收集
9 无障碍设施
10 全预制装配式
11 高效灌溉系统
12 分项计量
13 能源管理系统
14 智能照明
15 自然通风
16 建筑装修一体化
17 透水地面

图16　绿色节能应用

图17　架空通廊增加自然风流动性

CFD模拟

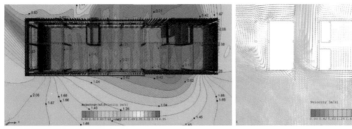

办公层风速分布图

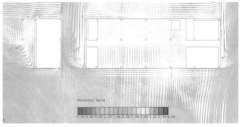

首层流线图分布图

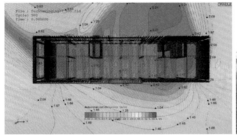

办公层风速流线图

首层通道风速流线图

图18 办公层风速示意图

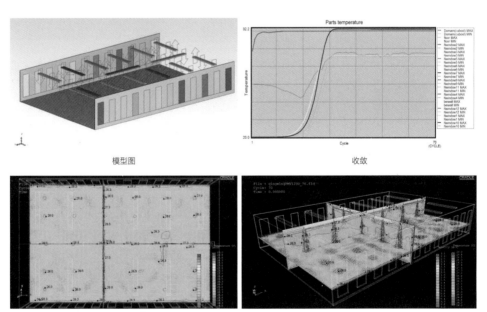

模型图

收敛

Z=1.5m温度平面图

温度场图

图19 对开敞办公进行CFD气流组织模拟

图1 项目鸟瞰图

案例2 合肥市湖畔新城项目

合肥市湖畔新城项目为政府保障性住房项目，此前已进行全套施工图设计，为支持国家对住宅产业化的推广，要求把其中的A、C、D、E地块住宅进行产业化设计，我院经过多次比较与调整，重新优化原有设计方案，在满足装配率的前提下，最终实现总建筑面积不变、总平面布局不变、总栋数不变、立面风格不变、户型最优、结构合理、设备集成的装配式技术综合解决方案。

标准化设计

　　根据回迁安置户型的面积配比的要求，结合装配式建筑的技术特点，通过多次比较与优化，最终确定为六种标准化户型。户型的标准化设计中，引入"模块式"设计方法，首先确定功能模块的基本尺度，功能模块以3M为基本模数，细部尺寸以1M为扩大模数，严格控制相同类型功能模块的尺寸，以减少构件的种类；其次通过功能模块进行有机的空间组合，构成满足面积需求的标准化户型模块，所有的标准化户型模块均可以灵活组合；最后结合标准化的交通核模块，形成了住宅的标准单元模块，参考规划整体户型数量和配比需求，通过"少规格、多组合"的方式，进而实现了总平面布局的多样性。

　　合肥市湖畔新城项目户型平面"模块式"设计方法特点如下：

1. 通过合理的模数控制空间尺寸数量，减少建筑构件种类；
2. 优先考虑不同级次的空间接口问题，增加空间、户型组合的灵活性；
3. 装配式建筑技术体系选择合理，结构受力明确，墙体对位关系清晰；
4. 控制外墙细碎的凹凸变化，便于构件安装连接，满足建筑节能的体形系数要求；
5. 机电专业竖向管线集成度高，便于维护更新；
6. 集成厨卫标准化程度高，所有标准户型仅采用三种卫生间和两种厨房规格；
7. 所有单元楼梯尺寸均相同，整个项目只需一套模板；
8. 避免使用三维构件，有利于构件的生产、运输及安装，提高建设效率。

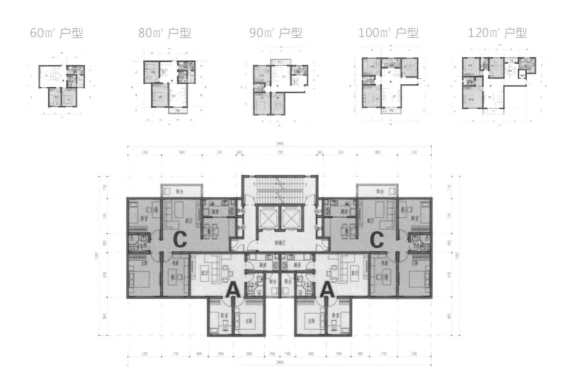

60m² 户型　　80m² 户型　　90m² 户型　　100m² 户型　　120m² 户型

图2　户型图

	面积标准	功能配置	客厅模块	主卧模块	次卧模块	书房模块	餐厅模块	厨房模块	卫生间模块
1	60m²	两室一厅一厨一卫	3.0×4.2	3.0×3.6	3.0×3.6			1.8×3.3	1.8×2.4
2	80m²	两室两厅一厨一卫	3.6×4.5	3.3×4.5	3.0×4.2		2.4×2.4	1.8×3.3	1.8×2.4
3	90m²	三室两厅一厨一卫	3.9×3.8	3.3×4.2	3.3×3.3	2.7×4.2	2.1×3.2	1.8×3.3	1.8×2.1
4	100m²	三室两厅一厨一卫	3.9×4.2	3.6×4.2	3.3×3.6	3.3×3.3	2.1×3.2	1.8×3.9	1.8×2.4
5	120m²	三室两厅一厨两卫	4.2×4.2	3.9×4.2	3.3×3.6	3.0×3.9	3.0×3.0	3.0×3.3	1.8×2.4

图3 模块式结构

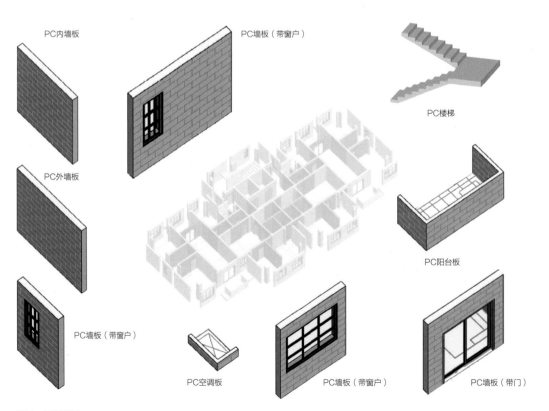

图4 PC墙板

原有立面设计为ArtDeco风格，政府希望在原有建筑风格不变的基础上，进行符合装配式技术的简化设计，既保持原有ArtDeco风格的味道，又让社区不失工业化建造的简约。通过认真分析ArtDeco风格的特征，结合二维预制外墙板的设计要求，将PCF板作为预制墙板间现浇区域的外模板，形成了建筑外立面的竖向壁柱，并在建筑顶部区域运用装饰构件，强化建筑的整体装饰效果。

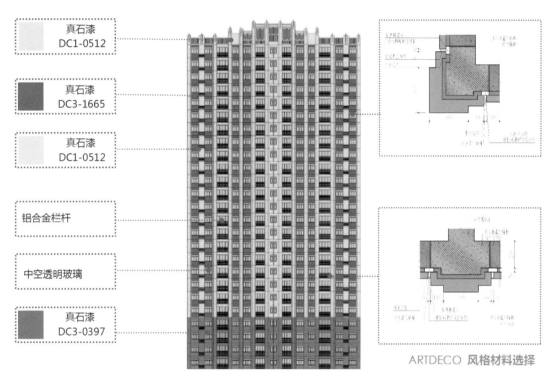

真石漆
DC1-0512

真石漆
DC3-1665

真石漆
DC1-0512

铝合金栏杆

中空透明玻璃

真石漆
DC3-0397

ARTDECO 风格材料选择

图5 装饰构件

装配化技术

合肥湖畔新城项目采用预制装配整体式剪力墙结构，预制构件包括：预制夹芯保温外墙板、预制叠合阳台、预制空调板、预制楼梯、叠合楼板和预制防火隔墙板，预制装配率在50%左右。

结构采用两项创新技术分别为多连梁（Multiple Coupling Beam）剪力墙板和楼梯间防火隔墙板。

MCB剪力墙体系：

通过使结构中某些层间连梁在较大地震中优先破坏，耗能，达到保护结构中的重要部位，提高结构整体抗震性能的目的。一种是通过将窗下墙设置成适宜跨高比的耗能连梁，连梁下部洞口用轻质填充材料封堵，填充工艺可以在工厂或施工现场完成（见图6a）；另外可以通过将实体墙开设一个或多个结构洞或结构缝的方式实现，洞口和缝隙用轻质填充材料封堵，填充工艺可以在工厂或施工现场完成（见图6b）。

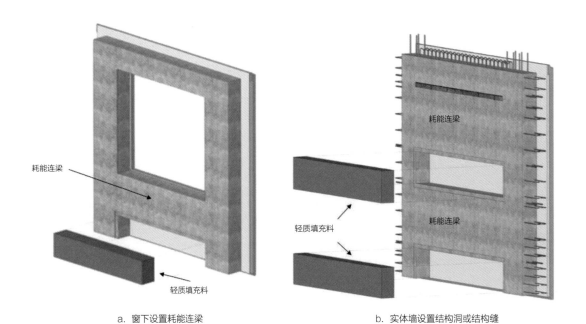

a. 窗下设置耗能连梁 b. 实体墙设置结构洞或结构缝

图6 剪力墙体系

楼梯间防火隔板：

目前国内常用的楼梯间防火隔板的连接方式为：下部支承在踢蹬上，上部和楼梯板底部用角钢焊接或拴接。这种连接方式导致预制楼梯左右两边不对称，而且防火隔板形状复杂，不利于标准化、自动化生产。项目采用了一种新型挂板连接方式，防火隔墙板两端挑出牛耳直接挂在两端的休息平台梁上（图7b）。这种连接方式受力简洁，制作和安装十分方便。

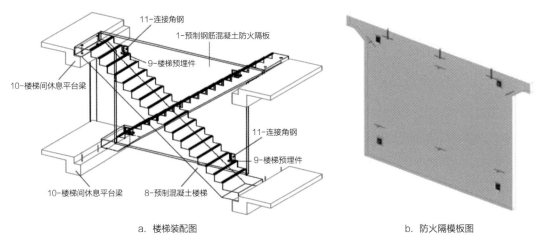

a. 楼梯装配图 b. 防火隔模板图

图7 楼梯装配图与防火隔模板图

预制外墙板的各类接缝设计应构造合理、施工方便、坚固耐久，并结合制作及施工条件进行综合考虑。防水材料主要采用发泡芯棒与密封胶。防水构造主要采用结构自防水+构造防水+材料防水。建筑外墙的接缝及门窗洞口等防水薄弱部位设计应采用材料防水和构造防水结合做法，板缝防水构造见图8。

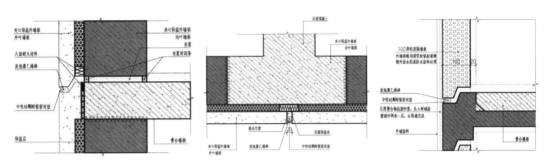

图8 板缝防水构造

信息化管理

在项目施工图和深化图设计过程中，基于Revit平台进行了二次开发，研发出一套用于中建MCB剪力墙体系的参数化构件深化设计程序。可参数化自动生成包含几何、钢筋、预埋件等信息的预制构件BIM模型，并直接生成深化图纸和材料表单，供构件厂进行加工生产。（图9）

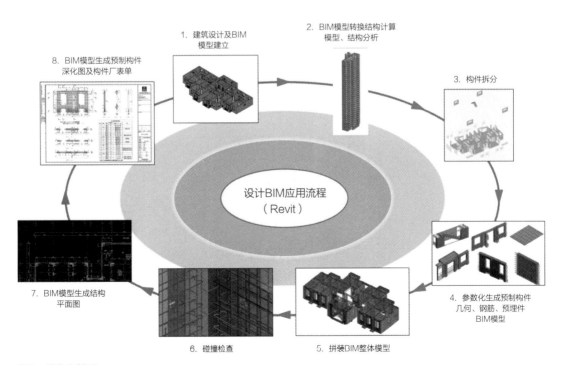

图9 信息化管理

赵钿

一级注册建筑师。1970年出生于山东省莱阳市，1989年考入清华大学建筑系，1997年毕业于清华大学建筑学院，获建筑学硕士学位。现任中国建筑设计研究院有限公司装配式建筑工程研究院院长。

一直从事居住区规划和住宅建筑的设计研究，完成了郭公庄一期公租房、怀柔顶秀美泉小镇（北京市优秀工程一等奖、广厦奖）、北京万科蓝山（北京市优秀工程二等奖）、北京远洋一方（北京市优秀工程二等奖、全国勘察设计行业三等奖）、焦化厂公租房等30多项居住区规划和住宅设计。

近几年主要从事装配式建筑、超低能耗被动式建筑的研究，完成了多项装配式建筑的科研项目，完成了十余项装配式建筑工程设计，参与编写国家标准《装配式混凝土建筑技术标准》、行业标准《装配式内装修技术标准》等工作，在装配式混凝土、装配式钢结构和装配内装方面有较多研究。

设计理念

创新不局限于形式，技术的创新有更广泛的价值。

优秀的设计不仅形式要好，技术也要好。

设计是为使用者服务的，建筑师不仅要关注建筑本身，更要关注最终使用者的需求，帮助他们实现优美的环境是我感到最有成就的事。

访谈现场

访谈

Q 国外多数都是精装修到位的，国内资源浪费太厉害了，住宅内装方面你们做了那些研究？

A 2010年的时候，我们做了住宅精细化设计的研究。我们的团队，以我们自己做的一个项目——北京远洋一方为样板，做了30多户的入户调研，现在对于很多问题的认识都是基于当时这种深入一线的研究。我们当时提出来住宅要做精细化设计，不仅要做个壳子，还要对壳子里的功能、使用需求、人体工学、建筑技术等都要做深入研究。后来发现，只做理论上的研究是不够的，还要研究部品部件的供应，要了解这些东西到底能不能生产出来。想出来和能做成，还是有很大一段距离。从那以后，我们真正认识到中国住宅发展一定要走产业化的道路。我们去日本、瑞典、德国等好多地方去看。借中日建筑交流，去看日本的工地，去看他们的内装，看房子是怎么建的，感受到国内跟国外的先进水平差距特别大，对我们的震动也很大，学习了很多。从那以后，我们觉得学习日本、走住宅产业化的道路，一定是中国住宅发展方向。在2012年中国地产还不错的时候，我们投入了不少的人力去研究产业化。我们的副院长张守峰加入进来，他在上海给万科做过结构产业化的工作，大家志同道合，就一起干了起来。随着对住宅产业化的认识越来越深，在

装配式住宅室内

2014年的时候，我们下定决心，成立了一个专门的小组来研究住宅产业化，从内装做起，先从内装的精细化设计做起，结合一些厂家，做了样板间。那时，设计院都是画画图，出个效果图，做个模型就完了，做样板间，还是很少见的，我们是真刀真枪按1：1的比例做的！做好之后，请了院领导去看，看了样板间，领导们觉得这事儿能成，就下定决心往前推。我们就成立了一个团队，专门研究内装产业化。我们对内装和建筑进行一体化深化设计，为未来的各种发展留出可能。在此过程中，我们也一直在呼吁做精装房，做全装修，不要毛坯房。当然这个事还是属于开发商主导，但是政府听进去了，后来逐步出台了政策，推全装修房。

Q 全装修房现在是不是已经作为一个政策？是不是没有精装修不能验收？

A 据我了解北京保障性住房都是要全装修交房，不叫精装修，叫全装修。精装修，大家容易理解成是高档装修。全装修，就是所有的功能都完成，所有的装修都完成，档次由自己定，要达到进去之后搬家具、装灯具就可以入住，这就叫全装修。现在的商品房主要是提倡，还不是强制，鼓励做全装修交房。开发商的应对策略不一样。开发商主要还是利益导向的。据说上海在精装修、全装修交房上的政策力度比较大，近几年精装修交房的比例就已经占到绝大多数。这些年大家逐步地能够接受精装修交房了。以前，许多人担心个性化问题，现在在工业化的体系下，可以支持个性化的不同需求。

Q 你们研究的技术体系，如果没有碰到开发商配合的话，你们这些想法也无法实现，这个问题怎么解决？

A 这个问题，我们只能在实际工作中一点一滴的去做了。在跟业主配合的时候，我们会跟他去探讨。开发商也不是一点都听不进去，但不会全盘接受。我们做的户型往往考虑得比较细致，就会成为开发商下一个项目的基础。另外，通过做样板间去做精细化设计研究，对很多东西的认识就更深入了。我们做了一个90m²的三居室样板间。我们拿着那个户型进行了精细化设计，做了个1∶1的样板间。我们研究了收纳空间，在入户调研时发现，没有做精细化设计的户内收纳空间只有7m³，通过精细化设计，收纳空间翻了一倍，变成了15.3m³。怎么做的呢？在墙里做收纳，叫入墙收纳，日本住宅里有很多入墙收纳；做了一些双面柜子，像玄关柜；在走廊侧面做收纳。这样卧室里就不用配大衣柜，不用买大衣柜，是一个最省钱的办法。

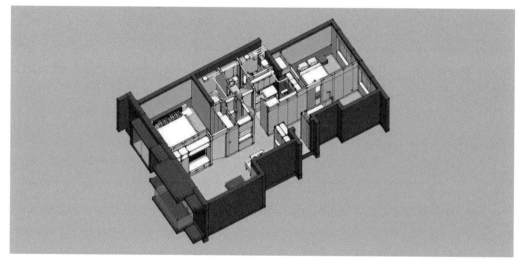

装配式住宅精细化设计

Q 你们学习了日本的理念和技术，用中国人的技术把它给做出来了。装配式建筑你们还做了哪些具体工作？

A 对，做成之后，很多人都觉得这个特别好。空间虽小，但住的人不少，在一个房子里做出更符合生活需求的多种空间，是最有意义的。到了2016年的时候，中国建筑产业化的发展进入了一个新的时代了。2016年2月，中央召开了一个关于城市规划工作的会议，讲到要大力发展装配式建筑，我们觉得以前产业化的工作可能也到了一个新阶段了，就把"居住建筑事业部"改为"装配式建筑工程研究院"了。从此以后，我们就把装配式建筑作为我们主要的工作了。2012年以后，我们参与北京市公共租赁住房的设计，做了郭公庄一期公租房、焦化厂公租房、通州台湖公租房、副中心的周转房和物业楼。在这个过程中也做了很多的研究，不仅做

装配式住宅内装

了结构的装配，还做了内装的装配、机电管线的装配以及外围护墙的装配。这四个部分就是装配式建筑的四大系统。装配式建筑是按照系统的理论和方法，包括结构系统、内装系统、外围护系统、设备和管线系统的成品建筑，这就提出了装配式建筑的系统理论。我们也研究了装配式建筑设计的一些方法，研究装配式建筑应该如何设计，流程应该如何管，资源如何整合，前后顺序怎么安排，如何评价。这两年，装配式建筑设计成了我们的主要工作。我们参与了北京市保障房的建设，也参与了副中心的设计。在副中心，我们设计了一栋4万m²办公楼，采用了装配式建筑技术，用10个月就建成了。外墙是装配式的，内装修也是装配式的。你看我们这个办公室的装修，不是装配式的，虽然隔墙是轻钢龙骨的，可以算是装配式技术，但墙面刷涂料，底下要刮腻子打磨，然后再上面漆，在这个过程中产生大量的粉尘，并且有湿作业。地面也是那个现浇细石混凝土加抹灰，表面粘PVC地板。这些湿法作业，工期就会很长，类似的内装工程，工期也得要8~10个月。而副中心的办公楼采用装配式装修，工期只有两个半月，不仅速度快，质量也特别好，因为所有的部品部件都在工厂做好，精度特别好，误差都是0.5mm，最重要的是环保，零甲醛。

Q **中国装配式住宅从系统性的角度应该关注哪些问题？**

A 说到住宅的装配式发展，还是从四个系统来讲吧。目前，结构系统可选择的也就是两种，一种是混凝土，一种是钢结构。装配式剪力墙结构的研究，有很长时间了，从2003年开始做，一直做到现在，已经十多年了，作为建筑师来讲，这个体系可以用，但不好用。困难主要在于连接技术，套筒灌浆的这种工艺和我们的国情还有差距，主要在于我们的工人不是专业工人。

装配结构系统中一个体系是钢结构，尤其是钢结构住宅。钢结构住宅现在的这个市场占比很低。我做过一个不完全统计，钢结构住宅项目在全国也就是三十几个，成功的案例也不多。近两年的北京成寿寺项目和首钢二通厂两个住宅项目，相对来说比较成熟。我们做过系统研究，发现钢结构住宅有六大系统问题，对这六大系统问题，全部提出了对应的解决方案。

Q 钢结构像精工、杭萧、东南网架在这方面也做了很多研究，你认为钢结构住宅目前存在哪些方面的问题？

A 这些厂家都做了很多的研究，贡献也都不少。他们对推进钢结构的发展，起到了很大的作用。但从建筑师角度看，不仅看结构，还要全面的看建筑。美观，也许是我考虑得最少的，建筑的性能、使用功能、耐久性，这些东西反倒是要考虑最多的。我们研究发现，当前的钢结构住宅有六大系统问题。

第一个问题是框架结构体系和常见的户型平面布局之间的矛盾。以住宅常见的一梯四户为例，前面凸个鼻子，腰里有个槽，前后墙体不规整。这么多的凹凸，结构构件很难连续的，很难找到连续的柱网，而框架结构，最喜欢的是标准化连续柱网。现有的住宅平面形式与结构体系不匹配，这是第一个问题。

第二个问题，钢柱子，大多是方形的，尺度都比墙厚度大，加上防火包覆，就更大。在房间内就有凸梁凸柱的问题，很难看，对使用功能有影响。

第三个问题就是现场还有一些湿作业，主要是砌墙。砌墙就要抹灰，首先精度有问题，钢结构的精度很高，可以做到误差两毫米以下，一抹灰精度就完了。其次，钢结构其实是个弹性体，在风荷载等水平力作用下，它会反复变形，而砌体结构的弹性很小，超过了一定的限度就会变形开裂。砌体墙的开裂会造成严重问题，尤其是外墙，如果开裂了，水就进去了，在寒冷地区多次冻融循环以后，会造成墙表面脱落，防水也会出问题。

第四个就是防火、防腐、保温等性能问题。这些问题不是没有解决办法，但解决起来相对复杂一点。

第五个问题就是内装问题。如果现在钢结构还是采取毛坯交房，问题就会特别多。里面的钢梁钢柱上钉也钉不了，凿也凿不了。老百姓住进去之后要装修，把防火破坏了，真是一点招都没有，所以内装必须要做全装修，并且要求以后二次装修对钢结构不能乱改。

第六个问题是成本。

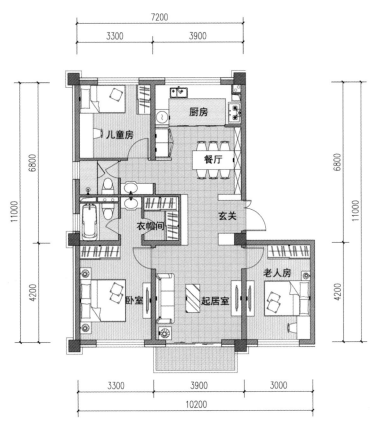

钢结构住宅平面布置举例

钢结构住宅这六大系统问题都是当前的痛点。我们已经梳理出了一套解决办法，在这个问题上花了两年多的时间了，到全国各地去看，跟各大钢结构建筑企业交流，我们提出的一些解决方案也被成寿寺、首钢二通厂等项目吸纳。这些研究给了同行一些帮助，我觉得还是挺好的。未来钢结构住宅还是有很大的发展空间。钢结构住宅的优势是大空间。十年以后要重新装修的时候，里面的东西完全可以换掉，空间可以有无限的灵活性，除了柱子和梁不能动，其他空间可以随意分隔，优势非常突出。我觉得可能随着大家对于建筑的高质量的需求越来越多，以后钢结构住宅应该还是大有可为的。

图1 实景主入口立面

郭公庄一期公租房

设计时间	2012–2014年
竣工时间	2017年（北区）
建筑面积	21万 m²
地　　点	北京市丰台区

郭公庄一期公租房项目的设计开始于2012年，是北京市保障性住房建设投资中心的公共租赁住房小区。当时，公租房项目很少，没有成熟的经验可以借鉴。能不能改变小区建设的"商品房"规划思路，做一个适合公租房居住人群的社区呢？公租房面向的是低收入无房困难家庭，这类人群与商品房的消费者完全不同。一般的居住小区大多采用封闭管理方式，这样的管理成本最低，但也造成了居民与城市的隔离。在传统城市里常见的街道活力也随着围墙的设立而消失了。另外，由于承租人的经济水平相似、圈层相近，阶层单一，如果采用封闭管理，会削弱公租房人群与社会其他阶层的互动，也会对公共管理和服务提出挑战。

因此，我们提出"开放街区、组团围合、混合功能"的理念，并按照产业化的要求，所有的住宅全部采用了装配式建筑技术。

1. 开放街区

规划打破全封闭的管理模式，采用街区的模式。按照"社区开放、组团围合"的方式，分成9个街区，街区之间的道路直接连接城市公共空间，使居民直接与城市公共生活相邻。

在用地中心，沿南北向设计了一条S形的绿化生活轴，连接南北两个入口广场和中心花园；沿用地东西向规划了一条商业步行街，连接用地西南侧的公共绿地和东侧的沿街绿地。以"十"字形公共空间为骨架，将小区分成9个小型组团，组团之间的道路直接与城市相连。这样，小区内的道路、公共绿地、步行商业街向城市开放，成为城市公共空间向社区的延伸。开放街区的模式，会增加物业管理的人力，但对于破除大规模高密度社区的封闭感、增强承租人与城市公共生活的联系作用还是有积极作用的。

图2　模型鸟瞰

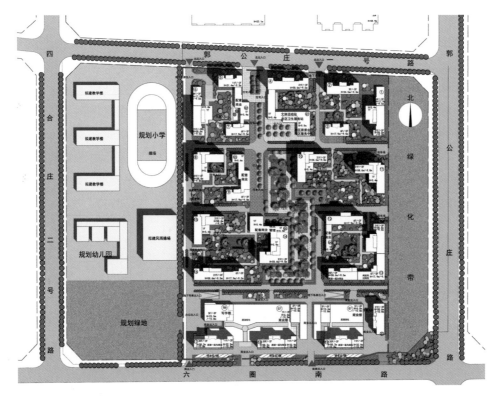

图3 总平面图

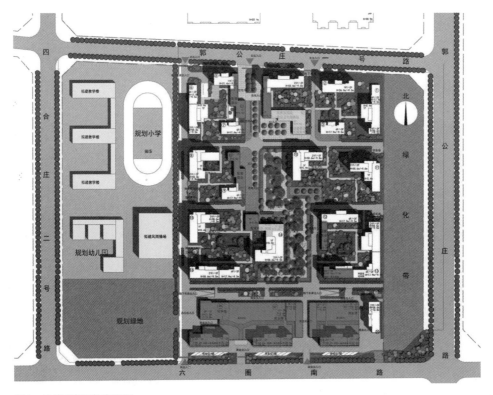

图4 公共服务设施布置图

2. 围合组团

每个组团规模不大，2～3栋住宅楼，加上配套公建围合成院落，院落内安静又安全，是步行空间；机动车道设在组团外，实现"人车分流"。每个院落设一个公共门厅，提供社交和服务的空间，是组团生活的核心节点。围合的院落，有利于增强居民的归属感。

3. 混合功能

人们把只有居住功能的大型小区称为"睡城"，居住其中既不方便，也无活力。在郭公庄一期社区里，设计了一定规模的商业、办公、社区公共服务设施，沿着十字形公共空间两侧布置，既方便每一个组团的居民到达，又把各种功能复合在一起，提高了公共区域的活力，为居民交往提供了方便。这些公共设施除了为居民提供生活配套服务，也能为"小、微"创业提供场地，为承租人提供培训，增强就业能力，增强造血机能。

4. 公共门厅

公租房户型受面积所限，室内空间比较狭小，难以满足承租人的社交要求，因此，在每个组团设计了一个100多m²的公共门厅，为租户提供公共服务，如会客、休息、自动售卖机、快递收寄箱、寄存处、儿童活动区、洗衣房等设施。这样的公共门厅，既提供了方便，也增强了居民的归属感、尊严感和自豪感。

图5 组团公共门厅

图6　中心花园西侧的便民店

图7　中心花园和东侧的住宅

5. 文化韵味

通过标准化构件的排列组合，与阳台的功能结合起来，形成类似博古架的造型，统一而又富有变化，现代中透着传统。

对窗台、窗台板、分格、空调机位等部位进行细部处理。为避免千篇一律，强调立面的识别性，在阳台栏板上随机涂饰颜色，自下而上逐渐减少。由于大量采用标准化的构件，立面形式尊重功能，有效地控制住了成本。

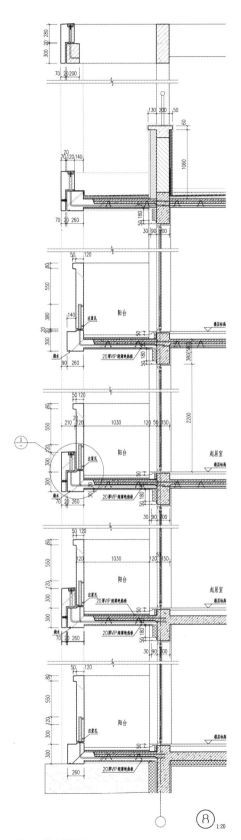

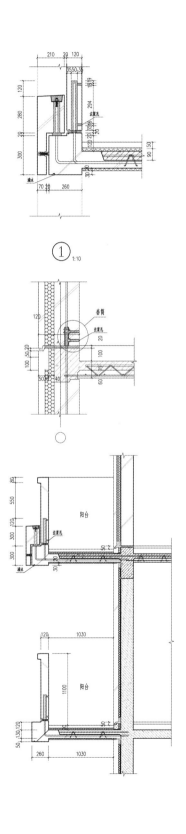

图8 墙身详图

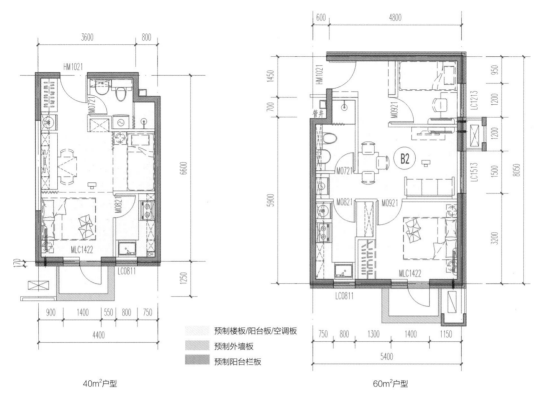

图9　户型平面

6. 装配式建筑技术

主体结构和内部装修全部按照装配式建造技术进行设计和建造。

主体结构采用装配式剪力墙结构（PC结构）。采用预制混凝土构件的部位包括外墙、楼板、楼梯、阳台和空调板，预制率35%～40%。其中，外墙采用三明治复合墙体，由外页墙（50厚）、保温层（70厚）和内页墙（200厚）组成；楼板、阳台板和空调板均采用叠合楼板方式；楼梯采用了预制混凝土楼梯段。

内装也采用装配式装修。除卫生间防水和顶棚外，全部采用干法作业，质量好、速度快，实现3个工人10天完成一套房的装修。

地面采用架空采暖地面；内隔墙采用了轻钢龙骨隔墙，面板采用带饰面硅酸钙板；卫生间采用防水托盘的干式防水做法，同层排水；厨卫的顶棚采用无龙骨的干式吊顶。实现了管线与主体结构分离。

2017年11月，北区12栋楼竣工交付并使用。至今，项目基本保持了刚建成的观感和品质，装配式建筑的质量得到了验证。

装配式建造方式对设计、生产、施工都提出了比现浇方式更高的要求。设计之初要先进行技术策划，确定产业化的目标、途径和技术，并对预制构件的种类、数量进行统计，确定经济可行的技术方案。设计阶段要全专业同步协同设计，并将生产、施工安装阶段的要求集成到设计中。只有全专业、全过程实现一体化，才有可能做好装配式建筑。

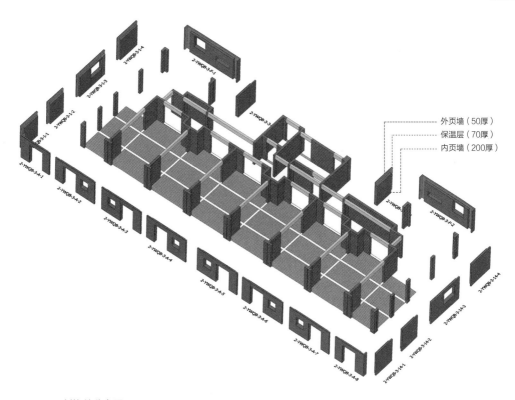

外页墙（50厚）
保温层（70厚）
内页墙（200厚）

图10 预制构件分布图

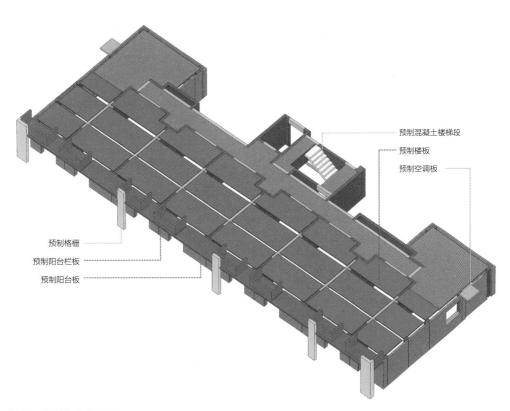

预制混凝土楼梯段
预制楼板
预制空调板

预制格栅
预制阳台栏板
预制阳台板

图11 预制构件分布图

图12　装配式厨房（左）
图13　装配式卫生间（右）

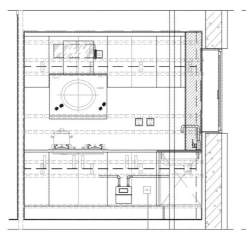
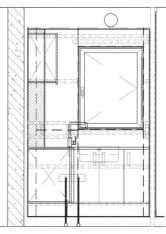

图14　装配式厨房
立面详图

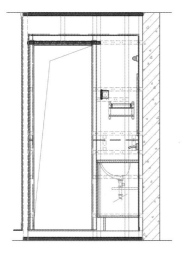
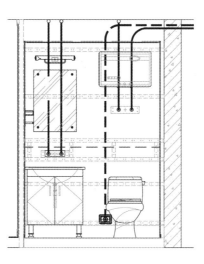

图15　装配式卫生间
立面详图

图16　北区实景

项目小档案

项 目 名 称：郭公庄一期公共租赁住房
建 设 单 位：北京市保障性住房建设投资中心
建 筑 设 计：中国建筑设计研究院有限公司
施 工 总 包：北京城建建设工程有限公司
项 目 地 点：北京市丰台区
设 计 团 队
设 计 指 导：崔愷
方 案 设 计：赵钿　秦冬　陈霞　韩风磊
施工图设计：韩风磊　张守峰　杨晓剑　刘高忠　梅玲　黄健勇
景 观 设 计：雷洪强　方威
室 内 设 计：白宇
建 筑 摄 影：赵钿
整　　　 理：赵钿

龙玉峰

华阳国际设计集团董事、副总裁，华阳国际建筑产业化公司总经理，装配式建筑高级工程师、深圳市十佳青年建筑师。兼任国家装配式建筑产业技术创新联盟副理事长、专家委员会副主任委员，中国勘察设计协会建筑产业化分会副会长、技术专家库专家，住房城乡建设部建筑制品与构配件标准化技术委员会委员，中国土木工程学会住宅指导委员会建筑工业化专家委员等。

自2001起，一直专注于居住建筑设计、建筑产业化和保障性住房研究，是国内新型建筑工业化设计领域最早的实践者之一；参与编制国家、行业设计规范4部、标准图集3部、广东省和深圳市地方设计规程4部，主持完成省部级研究课题2个，出版专著3本，发表学术论文十余篇；主持设计了国内第一栋新型预制混凝土全预制实验楼（万科1号实验楼），国内首个装配式住宅项目（万科第五园第五寓）及国内第一个大规模装配式保障性住房项目（深圳龙悦居三期），主持设计的装配式建筑工程多次荣获深圳市、广东省、全国设计评优、设计竞赛一等奖，个人荣获过华夏建设科学技术奖一、二等奖等。

设计理念

装配式是一种建造工法，也是一种建筑的理念。

作为一种建造工法，也是一种建筑理念，装配式建筑是设计创意、生产工艺、施工工法的完美集成，精细化、标准化设计是实现装配式建筑价值的核心方法。

访谈现场

访谈

Q   **能谈一谈你是怎么开始装配式建筑研究的吗?**

A   最早接触装配式建筑是在2004年，当时万科率先在行业内提出要进行住宅产业化研究，于是联合各方组建了第一批专业团队，我也是其中一员。从收集整合资料，跟随国外团队学习经验，再到具体项目的实践，在一年的时间里，我积累了丰富的理论，对装配式建筑有了较深刻的认知。2005年，我作为施工图、构件图部分的负责人，参与完成了万科住宅产业化1号实验楼的建设，这也是国内第一栋集研发、实验、展示为一体的装配式实验性建筑。

2006年，我率领团队在华阳国际成立住宅工业化研究室，对装配式建筑开始了更加系统的研究，此后每年都有一栋装配式研发型建筑落地。随着团队逐渐扩大和技术的成熟，也开始将装配式延伸到保障房、商品房、写字楼，再到学校医院等民生建筑的应用，越来越多的实践积累下来，一直到现在作为装配式建筑研究的牵头人以及公司的运营者，专业从事装配式建筑工作。

Q 你能谈谈装配式建筑的主要魅力是什么？

A 对于装配式的理解，可以说是千人千相。我一直认为，装配式从业者对建筑的认识要比传统的建筑师更全面，装配式建筑所提倡的标准化的设计对建筑师的要求很高，建筑师需要具有足够的积累才能够将这种特殊建造形式的特点和优势表现出来。装配式实际上在一种理性的状态下，通过创意的过程实现多样的外表和丰富的逻辑。有些人会认为装配式很呆板，其实不然；装配式建筑设计实际上追求的是建筑的极致性，希望把表现建筑个性化的精力，放到每一个相同化单位的细节品质上，真正把人们使用的需求回归到质量和品质上来。在我看来，装配式是一个建筑的名称，也是一种建造的方式，更重要的它还是一种建筑的理念。

Q 你认为装配式建筑的本质特点有哪些？

A 装配式的本质在于它是用最简单的建造方式解决了一个复杂的问题。与传统建筑相比，装配式建筑通过将过去传统的人工作业，拆分到工厂，运用高效的作业模式实现建筑部品的工业化，通过现场高效、绿色、安全的组装方式建造质量更高的工程。在整个过程中的设计手法和建造手法均采用工业化的手段，最终实现的效果也具有强烈的工业化色彩，从某种意义上来说，"装配式"也是一种形象鲜明的建筑风格。

此外，装配式建筑还具有工程质量高、性价比高、更绿色环保等特点，这些表现形式实际恰恰对应了当今社会人们对品质生活的追求。这种追求如果用传统的建造方式去实现的话，需要付出很大代价。而利用装配式，这个问题就变得容易多了。

Q 纵观建筑产业链，你认为各方对于装配式的需求分别是什么？

A 站在不同角度对建筑的思考是不一样的。对于个人来说，希望房子住起来是舒适的，性能好，建筑材料健康，质量牢固，空间更利于改造等。对于建造企业来说，需要控制成本，材料设备使用率高，安全质量风险好控制。站在开发商或业主角度，则希望所有建造过程是可控的，建成的质量、品质更高，后期好维护。对于社会而言，很重要的在于，装配式建筑应满足绿色环保的要求，尽量减少对环境的干扰。

Q　你认为在当前的环境下，装配式建筑发展和推进的瓶颈主要是什么？

A　作为装配式建筑从开启到逐步发展的见证者，我有着较深刻的感受。总的来看，2011年是第一个时间节点，这一年装配式建筑在全国的推进速度发生了转折。第二个重要节点是2016年，在2010年以前，装配式的发展还更多的是极少数产业链企业和万科等开发商自发性的研究，源自企业对于未来建筑行业的前瞻性探索，在这种背景下，企业自发投入，研究方向也主要是为了解决企业自身的痛点。2016年，在国家政策的鼓励下开始有了跨越式的发展，国务院相继出台全国性的政策文件，提出要大力发展装配式建筑，推动产业结构转型升级，对大力发展装配式建筑重点区域、重点发展城市、未来装配式建筑占比新建筑目标等进行了明确要求。

但由于建筑产业链过于庞大和复杂，资源难以快速充分协调利用。装配式基础技术成熟后，管理又是一个新的问题，与此同时，政策上也需要有改革和制度上的创新。一个城市要想真正发挥出经济和社会效益，必须要把政策、管理和技术这三个关键的因素全部打通，联动变成一个整体并形成互相咬合的状态。

随着对行业更深刻的认知，我逐渐感受到新的发展模式改变旧现状的过程中，新旧两种力量博弈以及未能充分市场化的资源分配等，都是制约发展的因素。国家出台政策，从国家到省里到地方，往往一条路走下来一两年时间，还要再去落地实践总结，又需要两三年，这其中需要经历一个漫长的过程，不是所有企业都能够有实力和意志力坚持下来的。

华阳国际自主研发《十全十美》保障房系列产品

Q 作为装配式建筑的先行者，你认为北京、上海、深圳三座城市在装配式建筑探索和发展中各自具有怎样的特点？

A 三座城市的城市定位和属性不相同，装配式建筑的发展方向和路径也有较大差异。北京引领作用很明显，也是最早出台政策的城市，但是作为国家的首都和政治中心，北京对于技术细节把控要求以及配套政策实操细则的制定都比较谨慎，要形成大规模的推广周期相对较长。上海则不一样，市场化配置资源足够大，政策灵动性强，政府的决定对市场产生直接有效的控制力，而市场上也有足够支撑得住的链条企业。从各个方面来看，上海有着无可比拟的优势，因此在装配式建筑领域也走在了全国的最前列。深圳是一座市场化程度很高的城市，推动装配式发展的也主要是市场力量，政策出台相对比较晚，但实践最早，发展均衡，制定的实施技术标准也更加务实，如深圳2015年前就提出"两提两减"（提高质量、提高效率、减少人工、节能减排）的装配式建筑目标要求，对推动装配式建筑健康可持续发展意义重大。

东莞建筑科技产业园

Q   你们在这个过程中是怎么思考和行动的？

A   这些年来，我们也一直在思考装配式的发展和未来。立足于深圳这座城市，我们总是用市场化眼光看待行业发展，不断探索未来发展的方向。十多年来，华阳在装配式领域持续走在同行前面，从技术研发到最早应用到保障性住房建设，再推广到商品房、办公建筑。近年来，我们又极力将装配式技术推广到学校、医院等民生建筑中去。我们很早就认识到，装配式建筑要在一个城市快速落地发展，不仅要体现装配式建筑的质量、品质优势，还必须控制建造增量成本；为了培育市场和降低风险，我们积极研究保障性住房实施装配式的技术、经济可行性，后来通过实际工程总结，开始逐步研发城市成套装配式通用技术、通用产品标准。我们不断实践标准化应用方法，小到建筑部品部件的标准化，如栏杆、门窗、空调位、标准构件等，大到一个户型、一个住宅单元、一个居住小区标准化，通过标准化实现效益最大化。迄今为止我们设计装配式建筑面积1000多万m²，其中有近400万m²是装配式保障性住房。我们把保障房从户型的标准化，延展到楼栋的标准化，再延展到对小区的各类商业、公共配套标准化，标准化前提是对需求充分了解，例如：社区商业标准化前对业态做详细研究，3000m²社区商业应该如何配置业态，需要什么类型空间，怎么塑造商业氛围等，我们把这些影响设计的元素研究分析出来，根据功能、需求进行标准化设计的定制。伴随公司和装配式行业发展，现阶段我们开始打通整个产业链，在产业布局上，瞄准行业的痛点，我们业务开始了向产业链下端的延伸。2017年，我们在东莞开始打造建筑科技产业园区，布局建筑全产业链系统研发。同年与华润水泥共同出资成立东莞润阳联合智造有限公司，致力于装配式建筑预制构件的生产研发。在集团全产业链战略中，建筑产业化公司作为产业链的孵化器，不断地往产业链上下延伸并输送人才队伍和技术革新，形成可持续的发展生态。

Q   一路走来，有哪些经验可以与业内分享？

A   华阳国际是最早从事装配式建筑研究的企业，从2004年开始启动工业化研究，2010年成立专业部门新建筑事业部，开始做装配式、BIM和绿建的相关课题，实行三合一的创新研究以及三位一体集成创作，对装配式建筑更深入地研发和探索。

通过大量实践，我们明白一个道理，要把装配式落地，一个设计院能力再强也搞不定，还要有专业的服务机构推动业主方做正确的决策，于是我们开始延展工程技术咨询的业务。从前期便介入开发商日常开发建设中去，我们除了服务设计部还要与工程部、成本部、采购部、营销部进行沟通，协调开发商内部资源，通过对装配式关键环节支撑成果的梳理，把产业经验导向开发商内部，影响开发商的过程决策。

到了2014年，随着地方和国家政策的利好，我们意识到市场马上要开始爆发了，于是注册了全国第一个以建筑产业化命名的公司（深圳市华阳国际建筑产业化有限公司）。公司成立之后，我们开始对所有走过的道路重新梳理，做出了方向性的规划：城市经济发展水平不高的地方我们不去，因为经济相对薄弱的地方对装配式的需求并不强烈，距离深圳辐射力较远的城市不主动拓展，比如深圳辐射不了北京、上海，我们便把业务主要面向华南、华中地区。

为了解决企业和行业的痛点，2016年后，我们又开始以产业化公司为孵化器，进行建筑全产业链的战略布局。华阳能够取得今天的成果，一方面是因为深圳是一个市场化很高的城市，我们通过研发创新可以在市场上获得效益，再将既得效益应用于更深入的研发创新，从而实现良性的循环。我们通过设计创意实现功能舒适的建筑空间，通过对装配式系统研究和实践经验积累，简化生产工艺，优化现场施工工法，通过对目标人群的分析，在设计阶段提出对小区运维的建议，通过对配套空间的需求精准化研究，提升住户生活需求和休闲体验。事实上，我们设计完成的很多保障性住房建筑并不比商品房品质低。

2019年2月，华阳国际成功上市，并成为建筑设计行业为数不多的上市企业之一，在推动企业战略发展和促进行业进步的宏大目标上迈进了新的阶段。可以说华阳之所以取得今天这样的成绩，很大原因在于没有盲目跟风，而是真正按照市场和企业的需求稳步前行，在此过程中既解决了自身企业的痛点，也在为行业发展探索道路。

图1　深圳龙悦居三期项目实景图

深圳龙悦居三期项目

设 计 时 间	2009年
竣 工 时 间	2012年
项 目 地 点	深圳市龙华扩展区
建 筑 类 型	保障性住房
总建筑面积	216200m²

项目概况

深圳龙悦居三期项目位于深圳市龙华扩展区，是采用工业化生产方式建设的政府公共租赁住房，也是华南地区的第一个工业化保障性住房项目。规划建设6栋26-28F的楼栋，依据场地特点和项目需求，本项目工业化采用了PC外墙先装法，现浇剪力墙的PC工法类型。

设计之初，考虑到本项目作为保障房试点，应以实用、经济、美观为基本原则，发挥工业化优势，控制造

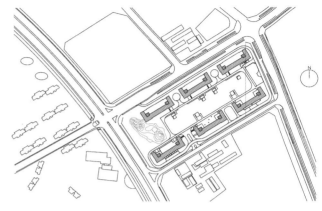

图2　规划总平面图

价，让工业化的推广价值得到体现。同时创造健康的小区环境，给居民特别是老年人和小孩提供足够的活动场所；充分利用自然资源，选择低成本的绿色技术，创建绿色、低碳社区；希望通过本项目的示范，促进深圳市住宅产业向集约型、节约型、生态型转变，引导和带动新建住宅项目全面提高建设水平，带动更多开发企业积极采用"四节一环保"新技术，进而推进住宅产业现代化进程。

图3　入口细节

图4　预制立面外观效果

设计特点

1. 以户型为单位模块的标准化设计

在项目设计过程中，结合项目本身的特点以及工业化技术核心，以户型作为标准模块进行精细化设计，实现部品、部件、装修标准和配置的一致。以户型作为标准模块单元进行平面上的优化组合，实现标准层公共空间配置标准的一致。

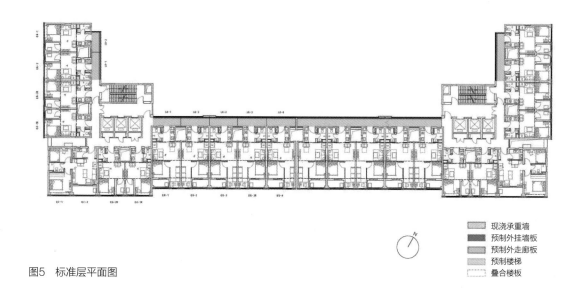

图5 标准层平面图

图例：
现浇承重墙
预制外挂墙板
预制外走廊板
预制楼梯
叠合楼板

2. 基于工业化生产方式的设计思考

（1）工业化体系与预制部位的选择

用工业化的设计理念，选择建筑合适的部位进行工厂预制，控制成本、提高效率、提升质量。该项目中采用了预制外墙挂板先装法，剪力墙现浇的工法体系。出于对外墙质量的考虑以及对外立面的工业化的表达，对建筑外墙、楼梯和外走廊等部位进行了预制构件。结合三种不同的标准户型模块，按4.2m和4.5m作为标准构件尺寸进行PC的拆分设计。

（2）预制构件的标准化拆分

用工业化设计理念，优化部品的种类，实现种类数量合理、最少，控制构件的重量、大小，实现施工设备的经济性。项目中采用3种户型，优化PC外墙的尺寸，增加模具的周转率。各楼栋的标准层单元楼梯完全统一，使得一套模具便可制作全部的楼梯构件。在满足外立面效果的同时，通过尺寸均分考虑模具的重复使用，将外走廊的构件标准化。

项目中的预制构件按照应用的位置主要分为三个部分：PC外墙、PC外廊和PC楼梯，根据每个部位的预制构件按照三种户型模块进行分类，并进行尺寸上的优化，减少模具的种类。在项目中PC外墙经过优化设计后使用三种模具，PC外廊使用三种模具，楼梯使用一种模具。一个标准层的构件模具又可以应用在整栋楼的标准层上，进行重复使用，通过这种设计手法大大地提升了模具的使用周转率。预制构件设计中实现部品种类数量合理、最少，实现整个项目施工设备的经济性。

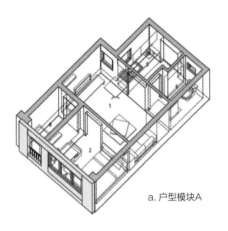

a. 户型模块A

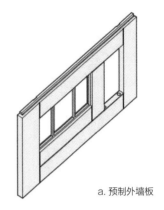

a. 预制外墙板

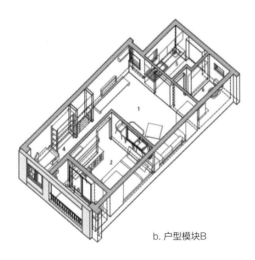

b. 户型模块B

b. 预制走廊板

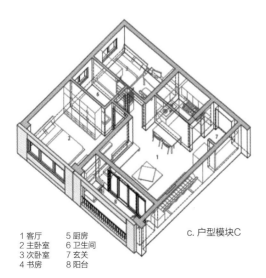

1 客厅　　5 厨房
2 主卧室　6 卫生间
3 次卧室　7 玄关
4 书房　　8 阳台

c. 户型模块C

c. 预制楼梯

图6　模块化户型

图7　预制构件类型

（3）连接节点的优化设计

用工业化设计理念，优化构件的连接节点，通过构件连接部位的分项处理，使得构件连接节点更加简单化和牢固可靠。项目中针对不同部位的PC构件连接的节点都进行了优化处理，例如PC墙体与柱子交接处、PC外墙转角处的连接构造、PC外廊与梁连接处的节点构造处理等等，这一系列细节上的独到设计，使得整个项目的施工复杂程度大大降低，细节上的设计正是基于工业化生产方式的思考。

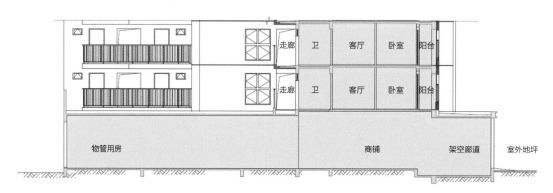

图8　剖面示意图A
（项目利用工业化技术实现PC外墙先装，现浇剪力墙的施工工法，预制的外墙板和走廊板无论在外观造型上还是结构牢固程度上，都显示了较高的质量标准）

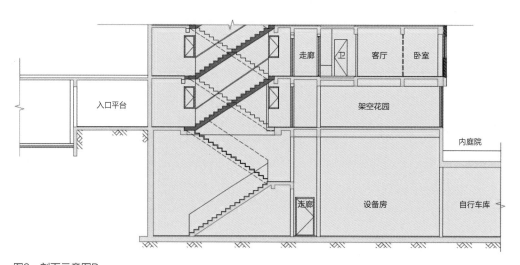

图9　剖面示意图B
（通过设计使得楼栋标准层的标准单元构件完全统一，使用一套模具便可制作全部的预制楼梯构件，增加了模具的周转率，大大降低了现场施工的难度，降低了现场施工的误差值）

图10 标准立面

施工方法体系

    利用工业化建筑技术的施工现场不同于传统施工现场给人的感觉，传统作业的施工场所到处是泥泞，充斥着嘈杂的机械作业噪音……工业化建筑技术则完全改善了施工现场环境，由于大部分预制产品都是在工厂里直接生产完成之后，运输到现场进行吊装，因此可以避免现场施工受天气限制以及各种不确定和不利外界因素的影响，大大提升建设效率。

图11 干净整洁的施工现场

1. 外墙一侧的施工

在外墙一侧，首先将预制的外墙挂板吊装到指定位置，并用支架进行固定和支撑，同时进行支模现浇剪力墙、梁、构造柱和楼板，最后进行填充墙体和栏杆扶手的安装。

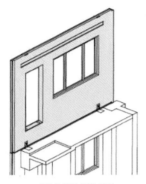
a. PC外墙挂板的吊装

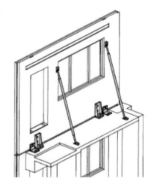
b. PC外墙挂板的定位

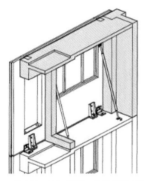
c. 剪力墙、梁、楼板、构造柱的现浇

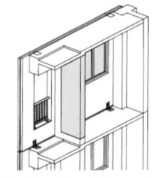
d. 永久性脚码、填充墙、栏杆扶手、玻璃的安装

图12　外墙一侧施工

2. PC外廊一侧的施工

在外走廊一侧,在已完成的下层外廊板（现浇楼板及外廊叠合部分）上，进行上层PC外廊板的吊装与定位，然后进行上层剪力墙、楼板的现浇，下层填充墙的施工，最后进行栏杆扶手的安装和管线的布置。

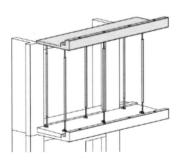
a. 上层PC外廊板的安装与定位

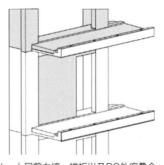
b. 上层剪力墙、楼板以及PC外廊叠合部分的现浇，下层填充墙的施工

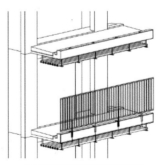
c. 下层管线以及栏杆扶手的安装

图13　外廊一侧施工

可持续技术的应用

项目设计的初期，充分利用自然条件，保留原始的小山体地形，并加以改造，形成社区公园；利用场地的高差，合理布置地下空间；利用场地坡向，收集场地雨水，设置人工湿地；迎合区域的主导风向进行合理的规划布局，以实现小区楼栋良好的通风和采光环境，充分利用自然采光，改善地下空间的采光环境。项目在设计中还应用了大量的绿色技术：太阳能热水系统、雨水收集利用系统、用中水处理回用系统，以及大量应用太阳能节能灯具、节能设备和节水设备等。

图14　底层预制构件的应用

本项目共有16万m²的工业化住宅规模，无论从标准化户型模块的设计，还是对细部节点构造的细部处理，都是在以工业化设计的理念为指导的原则下，充分结合项目自身的特点进行设计施工。工业化设计不等同于机械重复设计，而是在有效控制成本基础上进行的高效率、高质量的设计。

深圳龙悦居三期保障房项目是国内首个大规模一次性开发的工业保障性住房项目。在设计过程中，用怎样的设计方式去应对如此规模的建筑面积，才能最大限度地发挥工业化的优势，是设计团队面临的主要挑战。随着研究的深入，以标准模块户型为基本单位进行平面组合、预制构件共模设计成了该项目的主要设计思路。

图15　太阳能热水系统与雨水收集系统

在项目设计过程中，华阳国际主研的"外挂板工法体系"逐渐完善，最终形成了一套具有较高外墙性能、结构受力明确，及较强地域适应性的成熟的工业化技术。

图16　景观规划

项目小档案

项 目 名 称：龙悦居三期
项 目 地 点：深圳市龙华扩展区
EPC联合体：万科企业股份有限公司、深圳市华阳国际工程设计股份有限公司、深圳市鹏城建筑集团有限公司、中建三局第一建设工程有限责任公司
设 计 内 容：全过程设计（含装配式建筑）
设 计 团 队
设 计 负 责 人：龙玉峰
设计核心团队：丁宏　吴素婷　王格　王保林　赵晓龙　林碧懂　张定云　倪晓明　刘小辉　刘慧　曹翼　刘丰峰
整　　　　理：麻亚东

王丹

上海建科建筑设计院有限公司资深建筑师、高级工程师。主持的多个项目通过住房城乡建设部绿色建筑运营三星级及健康建筑设计三星级的评定，获发明专利、实用新型专利五项。

2012年获得上海市优秀"青年创作建筑师"提名，多次获得全国及省部级奖项，包括全国绿色建筑创新一等奖、全国优秀工程勘察设计建筑工程三等奖、上海市优秀工程设计二等奖、上海市建筑学会优秀建筑设计二等奖、上海市优秀住宅工程项目二等奖、上海市建筑学会建筑创作奖佳作奖、上海市绿色建筑协会既有建筑绿色更新改造评定金奖和银奖、四川省建设厅优秀设计二等奖、国际人居生态建筑规划设计方案建筑、科技双金奖。

设计理念

建筑生命力=建筑功效÷建筑消耗。

以人为本，运用"绿色化、智能化、工业化"的手段统一起功能、空间、界面，并蕴含适应未来的可能性，建筑才会具备长久的生命力。

访谈现场

访谈

Q **请你介绍一下对装配式建筑的认识。**

A 装配式建筑简单来说是指建筑构件在工厂预制，运输到施工现场进行装配安装的技术形式。装配式建筑涵盖的范围较广，从混凝土建筑到钢结构建筑、木结构建筑都属于装配式建筑。从源头来说，我认为装配式建筑核心是极大减少了传统建筑行业在建造过程中的碳排放，使得建筑行业更加绿色。在同等条件下，一个建筑是不是绿色建筑，是"深绿"还是"浅绿"，装配式技术是基础判断依据。装配式建筑的发展更多以制造业为对标方向，这样一来，就促成了制造设备、装备技术快速发展的巨大需求。生产链因此而变得更长、更完善，前期投资投入更大，社会分工更加细致，建筑质量更高。以往的建筑质量从传统的现场控制分解为生产质量控制与装配质量控制。我在一些场合用"设计阶段数字化+生产阶段制造化+装配阶段产业化+运管阶段智慧化"描述装配式建筑各阶段。装配式建筑是未来建筑行业的必然趋势，我很期待建筑行业高度工业化、高度装配化的那一天。

Q 你是在什么背景下进入装配式建筑设计这个领域的?

A 2004年我参与了一个上海高端别墅区的项目,这是我第一次接触装配式建筑设计。业主要求非常明确,必须采用木结构形式,建设标准按照北美高端别墅执行,当时做设计的时候,地下室还是混凝土结构,到了地上之后全部转为木结构形式。木结构布置形式和混凝土建筑差别很大,当时觉得很超前。建筑构件精准度非常高,可以和室内装修同步,防水、防火、防虫等问题都解决得很好,保证了很高舒适性,现在看来可算作"绿色建筑"了。

2005年,上海建科院承担了上海市科委关于上海老式既有住宅改造的研究课题,在建科院莘庄园区建了一个示范样板工程。当时生态住宅的整个屋架屋顶都是用木结构做的,木结构现场装配施工速度快、精度高,装配式建筑在我心里埋下一个种子。2011年上海建科集团在策划第三代绿色建筑时,最初是想在示范工程中运用木结构装配式建筑,而且做了很多策划和准备,不仅仅希望在木结构装配式建筑设计与工法上面做一些尝试,而且希望对当时的木结构设计规范中限定层数不能超过三层做一些突破,出于一些原因木结构这一方式没有实现。但从那时候开始,团队装配式建筑设计能力培养也成为我工作的一个主要内容,因为我们看好装配式建筑这一领域的发展。

木结构别墅施工现场

木结构建筑管线隐蔽工程

Q **请你介绍一下近期装配式建筑的项目实践。**

A 我们团队最近装配式项目很多,重点介绍一下上海建科集团在莘庄园区的第三代绿色建筑示范工程,这个项目也是上海市工程总承包首批试点项目之一。

我们设计方是"工程总承包",所以作为建筑师,想方设法要把这个效果实现,包括外观效果和建筑性能。项目体量不大,总高不过六层,政府没有提出做装配式建筑的要求。一般来说建

上海市工程总承包首批试点项目-上海建科集团莘庄园区十号楼

外挂墙板拼缝外嵌金属条

PC预制外墙板四性实验现场

设方能省事就省事，但建科集团考虑绿色健康、提升性能、技术实践、效果验证等几方面，决定在这个项目中进行一个全面的实验。经过多次讨论后，北楼三至六层的外墙做了装配式预制墙板。这个项目是"十三五"国家重点研发项目"降低采暖空调用能需求的围护结构和混合通风适宜技术及方案"科研课题的示范工程，对外围护结构的气密性要求非常高。我们咨询了很多专家，都没有能给出很好的回答，只有自己通过实验来验证。建科团队中有做气密性检测实验的，所以就预制了四块外墙板在试验基地，按照真实工法装配。因为预制外墙板之间是有拼缝的，这个缝通常都是内嵌一个胶条，为了防止这个缝漏气漏水，我们在外缝嵌了一根"U"形的不锈钢条，试验时发现效果不好，又把金属嵌条换成"几"字形，我们对真实尺寸、真实节点的预制板块进行了为期20天的实验，检测了气密性、水密性、抗风压、平面内变形四个方面的性能参数，并进行了重复验证，最终得出了令人满意的结论。

这几个针对预制构件的检测试验，之前是没人做过的，一方面说明目前装配式建筑行业发展还是比较粗放的，另一方面来说技术也是需要不断突破和进步。试验结果满足要求之后，大批构件才开始正式预制生产，这也说明建筑师团队对建筑性能和建筑效果的控制是非常认真的。

Q　请您介绍一下在这个项目中的一些思考。

A　主要有这么几点。第一，前期多思考。尤其在项目前期的策划阶段，举个例子，我们当时为了想让构件直接脱模就可以本色使用，走访了很多地方，包括在骨料里面添加什么成分会使构件看上去颜色白一点，这些都需要研究，所以不要怕在前期阶段多花时间。第二，不要为了做而做。就是不要为了追求所谓的预制化率、装配率而带来很多额外的消耗和浪费，每种技术都有性价比最高的那个点，举例来说，我们为什么没有选择结构主体装配式而是选择了预制装配式墙板技术，这是考虑办公空间多变性和后期改造的灵活性。但在后期功能改变过程中，外立面是不会变化的，所以我们把外立面统一成一种单元，造价控制得非常好，外部效果也因为工业化生产原因得到了极高的保障。第三，模式决定思路。不得不说，工程总承包模式赋予了设计方更多的责任，尤其是在装配式子项中，设计师团队不是以往图画完就完事的思路，而是从设计、采购、施工、交付都是设计师团队的事情，必须全身心地投入到项目细节中，这样才能为高品质交付做好基础工作。

Q　请结合这个项目实践介绍一下您的设计理念。

A　因为在上海建科待了很久，我从十几年前就开始对"可持续发展建筑"有着比较深入的研究和实践。我认为"建筑生命力=建筑功效÷建筑消耗"。建筑的生命力来自建筑可持续更新的能力，它不应是片段的和短期的，科技的发展会使得"建"的社会属性越来越强，"筑"的建构属性越来越弱。以人为本，运用"绿色化、智能化、工业化"的手段统一起功能、空间、界面，并蕴含适应未来的可能性，建筑才会具备长久的生命力。结合刚才的项目来说，一个建筑建成后会存在相当长的时间，功能有可能会改变很多次，所以在空间的规划设计上，应当关注可持续更新能力，我们依靠建筑的形式和界面来决定建筑的物理性能，立面不仅要美观，更多的是要带来价值，降低建造和运行的消耗就是价值体系中最重要的一点，这也是我们在这个项目中运用装配式技术的核心出发点。

Q 既有建筑改造也能实现装配式吗？

A 可以的，在我主持的一些项目中做过一些实践，因为是既有建筑的改造，功能提升更多的是依靠土建装修，但在外立面价值的提升上，我们做过用预制构件组合成一套基于外墙的冷凝水雨水回收藤木遮阳系统。这个系统是一套工厂预制成品，现场安装就可以，我们这个系统还申请了国家专利，在既有建筑改造方面进行产品推广。

Q 请谈一下您在装配式建筑设计中是如何考虑经济效益的？

A 很关键的一点是在设计拆分的过程中一定要进行多方案比较，这个比较不单单是结构工程师或者工业化专项设计师来做，而应由建筑师牵头进行系统性优化，这样才能知道功能、空间、效果、材料、造价的平衡点在哪。打比方来说通常三维构件比二维构件生产工艺要求高，生产和运输的费用也更高，在一些情况下很多三维构件是可以再拆分的，莘庄园区绿色建筑示范工程外墙板最初是希望带着遮阳板三维预制脱模的，做了几种尺寸的方案后发现总是不行，脱模后效果不好，需要人工修补。这时建筑师团队尝试着把三维构件拆成二维板构件和遮阳金属板，最终是装配安装更简便，效果也更好了，而且造价还下来了。

Q 这些经济效益的要素是在什么时候开始考虑的？

A 我认为在建筑方案阶段，由建筑师牵头来进行拆分的优化思考会更加直接，前期要预留出多

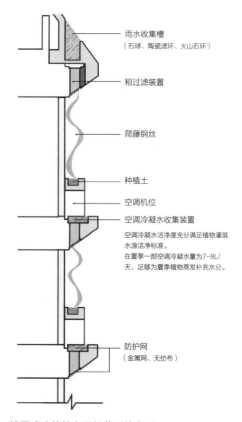

雨水收集槽
（石球、陶瓷滤环、火山石环）

粗过滤装置

爬藤钢丝

种植土
空调机位
空调冷凝水收集装置
空调冷凝水洁净度充分满足植物灌溉水源洁净标准。
在夏季一部空调冷凝水量为7-8L/天，足够为夏季植物蒸发补充水分。

防护网
（金属网、无纺布）

楼层式建筑外立面绿幕系统专利

PC预制外墙板外装金属框

方案比较的时间，建筑师应该掌握工艺、材料、工法、造价等多方面因素，这为建筑师未来发展明确了一个重要内容。

Q **您对装配式建筑未来的发展怎么看？**

A 我认为装配式建筑是绿色建筑体系中必备的一环，对提升建筑的生命力，降低建筑全生命周期的消耗有极大的贡献。装配式建筑经过多年的发展，正在形成一个完整的体系，装配式建筑从策划、设计、生产、装配、验证、使用等各个阶段形成一个闭环，将会使装配式建筑的推广越走越顺。现在上海建科在推广绿色化、工业化、数字化"三化合一"，也是看准了市场未来发展方向，坚定不移地走下去。我们都看好装配式建筑未来的发展，随着时代的进步和科技的进步，未来的建筑业将更加绿色，更加智慧。

图1 上海市工程总承包首批试点项目—上海建科集团莘庄园区十号楼

上海建科集团莘庄园区十号楼

设计时间	2017年
竣工时间	2019年
建筑面积	23500m²
地　点	上海

　　本项目是上海市工程总承包首批试点项目，也是上海市建筑科学研究院集团继2005年推出中国第一幢绿色建筑以来第三代绿色建筑示范工程。建科集团从绿色健康、提升性能、技术实践、效果验证等几方面综合考虑，决定在本项目中进行一个全面的升级实验。

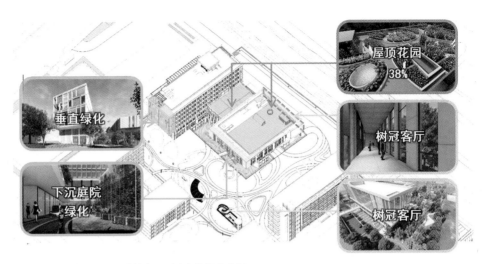

图2 下沉庭院、屋顶、建筑立面形成有效绿化空间

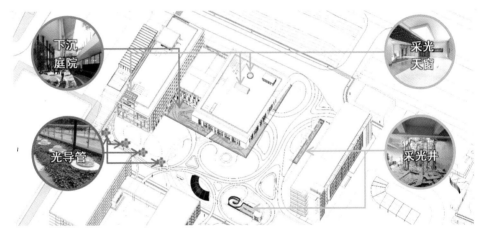

图3 合理利用下沉庭院、光导管、采光天窗、采光井提升光环境品质

图4 采取形体自遮阳及PC预制外墙板外装金属框，总体得热量降低13%

图5 入口大厅

图6 采光井

图7 下沉庭院

图8 东南侧鸟瞰图

图9 北楼装配式外挂墙板及悬挑遮阳

图10 西侧外挑自遮阳设计

图11 西侧下沉庭院

虽然项目体量不大，总高不超过六层，政府部门也未对本案提出装配率指标要求，但经过建科集团与我们设计方多次讨论后，确定北楼三至六层采用装配式预制墙板设计。

同时，本案是"十三五"国家重点研发项目"降低采暖空调用能需求的围护结构和混合通风适宜技术及方案"科研课题的示范工程，对外围护结构的气密性要求非常高。但目前行业内并没有针对PC构件气密性设计或检测相关规范。我们设计方是"工程总承包"，所以作为建筑师，想方设法要把项目实现，包括外观效果和建

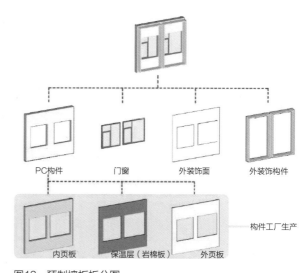

图12 预制墙板拆分图

筑性能。因此，在咨询过多方专家仍未明确解决这一问题时，团队决议只有通过实验来验证。

实验选用与实际工程截面大小、材料一致的4块样品——钢筋混凝土板：4170mm宽、3700mm高、[70+55（岩棉）+150]mm厚，在试验基地，按照真实工法装配。由于预制外墙板之间的拼缝通常采用内嵌胶条封堵，但为了防止拼缝处漏气漏水，我们在胶条外嵌了一根"U"形的不锈钢条。试验时发现效果不理想，因此将金属嵌条换成"几"字形，我们对预制板块进行了为期20天的实验，检测了气密性、水密性、抗风压、平面内变形四个方面的性能参数，并进行了重复验证，最终得出了令人满意的结论。

这几项前人未做过的针对预制构件的检测试验，反映出目前装配式建筑行业发展比较粗放的状况，技术也需要不断突破和进步。试验结果满足各项参数要求后，大批构件才开始正式预制生产。

工程总承包模式赋予了设计方更多的责任，尤其是在装配式子项中，设计师团队必须从设计、采购、施工到交付全流程、全身心地投入到项目细节中，这样才能为高品质交付做好基础工作。

装配式建筑不为了做而做，不单一追求预制化率，而是从性价比最高的角度选择合适的装配式技术。既有建筑改造项目也能选择适合的技术措施实现装配式，上海建科设计院团队在万航渡路767弄43号第二毛巾厂改建成静安区养老院项目中，为了在集约的用地中，做到适老最优化，将既有厂房主体结构更新，增加通风采光中庭，打造屋顶花园并连接成环。虽然绿色适老化更多依靠土建装修工程，但在外立面价值的提升上，通过预制构件组合，形成一套基于外墙的冷凝水雨水回收藤木遮阳系统。该系统是整套工厂预制成品，现场安装即可。系统已获得国家发明专利，可在既有建筑改造方面进行产品推广。

图13　外挂墙板拼缝外嵌金属条　　　　　　　　图14　PC预制外墙板四性实验现场

图15　静安区养老院项目—园区入口改造前后对比

图16　静安区养老院项目—屋面改造前后对比

图17　静安区养老院项目—东南侧改造前后对比

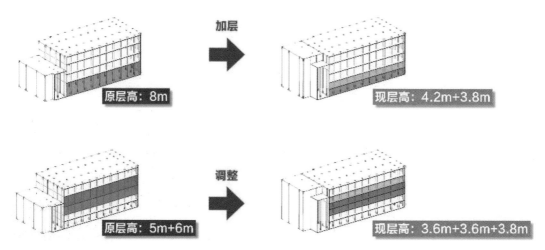

图18　通过插层、拆改调整成平均3.92m的适老空间高度

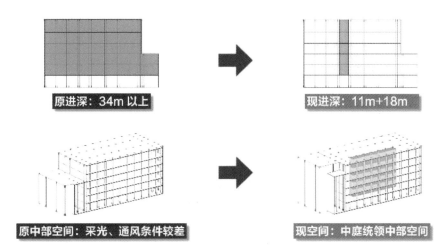

图19　中部设置中庭有效改善室内采光通

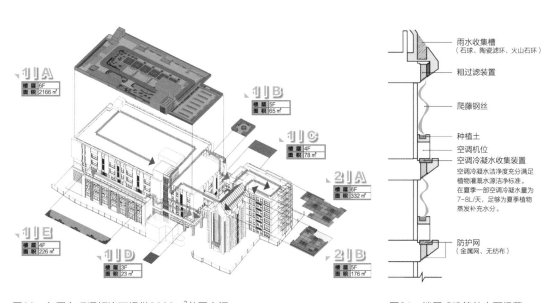

图20　各平台环通相连可提供3000m²花园空间

图21　楼层式建筑外立面绿幕系统专利

　　建筑专业作为设计团队的龙头首先需要具备装配式设计理念的认知，才能在布局与形象优化上更触及根源，根据结构工程师合理化建议，不断修正达到一个效果、效能、效益的平衡点。

整理：梁晓丹，上海建科集团上海建科建筑设计院高级工程师

徐颖璐

上海中森建筑与工程设计顾问有限公司建筑与人居工程研究院总经理。2005年毕业于上海同济大学建筑系。

在基础理论研究方面，主要参与了"十二五""保障性住房工业化设计建造关键技术研究与示范"和"上海市产业化住宅部品目录机制研究""上海保障性住房、装配整体式住宅适用建筑体系研究"等课题，并参与了《上海市装配式混凝土建筑设计文件深度规定》《百年住宅建筑设计规程》等相关规范的编制工作，对工业化住宅的基本设计思路、指导方向进行了深入研究。

在项目科研创新应用方面，重点研究拓展百年住宅技术体系，作为首批参与百年住宅项目实践人员之一，努力将建筑长寿化、建设产业化、品质优良化、绿色低碳化的先进的人居概念推向市场。目前共主持三十余项装配式建筑项目，完成九项百年住宅研发、实践项目。

设计理念

建设 · 设计 · 部品 · 施工，共勉。

建筑设计需与技术的发展、更新相适应，希望能顺应形势，顺应科技的发展，加上设计师的努力，将建筑业从传统的建造业推动进入现代的制造业。

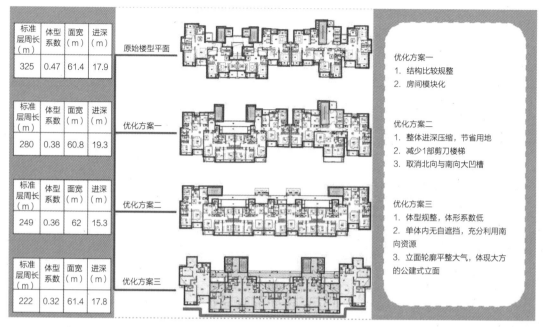

标准层周长（m）	体型系数	面宽（m）	进深（m）		
325	0.47	61.4	17.9	原始楼型平面	优化方案一 1. 结构比较规整 2. 房间模块化
280	0.38	60.8	19.3	优化方案一	优化方案二 1. 整体进深压缩，节省用地 2. 减少1部剪刀楼梯 3. 取消北向与南向大凹槽
249	0.36	62	15.3	优化方案二	优化方案三 1. 体型规整，体形系数低 2. 单体内无自遮挡，充分利用南向资源 3. 立面轮廓平整大气，体现大方的公建式立面
222	0.32	61.4	17.8	优化方案三	

不同平面测算比对

访谈

Q 上海中森过去是从无到有，现在是从有到创新，中森是如何打造装配式建筑这条产业链呢？

A 最初进入上海装配式领域的除了我们单位，也就两三家，大家都是做着装配式最基本的技术内容。到2016年，很多企业都进入装配式行业，这时我们单位已经梳理出15项"第一"。这些"第一"有的是首创性的技术，有的是针对某一地区的项目落地，还有的是对行业的推动。目前装配式行业已经处于蓬勃发展阶段，在设计领域中森通过装配式体系这块内容，开始往前、往后进行产业延伸。往前延伸，是在前期方案阶段，做一些更经济、更合理的方案设计，更能匹配装配式建筑；往后延伸，是想把装配式与内装体系有效结合，形成装配式内装体系，完成装配式建筑全阶段的设计产业链。

Q 请介绍一下你负责过的最有代表性的一个案例。

A 我觉得比较有代表性和系统的一个案例是位于常州的新城帝景百年住宅项目。这个项目是首批百年住宅示范项目之一，从2013年开始介入设计，一直到竣工交付一年之后，在2018年才完成百年住宅的授牌，经过约6年的时间才把项目全部运转下来。其中遇到的很多内容都是没有前例可循，而是要自己去尝试、摸索。

这个项目最初定位是常规思路，并没有考虑如何去适合装配式、全装修以及绿色节能等要求。因此，我们在方案阶段介入后，从项目定位、设计思路去扭转，一步步进行梳理。举个例子，我们做了一个测算比对，测算对象是一个最初凹凸很多、市场中常见的单体平面，另一个是我们优化落实后的单体平面。在单楼层建筑面积完全一致的情况下，最初的方案平面整个外墙的周长在320m左右，优化后平面的周长为220m，对于一层而言，等于是节省了300m²的外墙面积。这种优化并不是为了去评绿色建筑、配合装配式而去硬套一些评分标准或技术要求，而是从最基础的建筑设计层面研究和探讨问题。我认为，产生的结果既达到了主体性能的优化，又能给开发商带来利益诉求，是建筑师应去做、去推的事情。

Q　也有人说装配式建筑很呆板，立面也不够丰富，你是怎么看这个问题呢？有没有解决办法？

A　我觉得要怎么理解丰富这个概念，装配式能做出各种造型，但是现代工业化装配式建筑的本质是模块的标准化、可复制，所以过于自由、异型的建筑可能无法最大化体现装配式建筑的价值。我们做房地产住宅开发项目比较多，大型小区开发一定是有效率要求的，就是会形成批量，用装配式来实现比较合适。批量并不代表呆板，有秩序、有细节也可以有变化，再加上建筑师的设计理念和手法，同样能够达到非常好的立面效果。

Q　目前感觉中国装配式行业是北京、上海、深圳三个城市比较领先，能谈一下这三个城市的不同么？

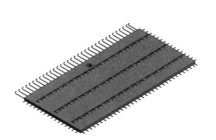

梁板柱结构构件

A 北京在装配式方面有很强的责任感，作为标准、规范的制定者，具有一定的引领性、示范性，更多的是政府去扛起一些表率和责任，推动一些事情。上海更偏向市场化一些，政府更多的是给一些导向和引领，让一些地方国企去做这方面的尝试和试点，其他企业陆续跟进，所以上海的政策相对灵活一些。深圳我感觉更务实、更灵活，从对整个城市发展或经济把控来看，哪种装配式更有利就推哪一种，不去制定一刀切的标准。

Q **你刚才点评了三个城市各自的装配式特点，如果在国内二三线城市推，用哪一种模式更好呢？**

A 我觉得如果是一定要推动某项事情的话，可能上海的这种方式是比较容易复制的。首先它没有给政府很大的压力，但是又可以很好地行使政府本身的一些特性，比如制定政策和导向。然后由其他抓手来落实，不管是地方国企，还是和政府关系比较密切的开发企业去落实，都能够相对好地跟市场去结合，推起来的阻力不会那么大。如果像北京的话，它本身的城市特性决定了其他城市的无法复制，深圳虽然比较灵活，但过于灵活的话，推动起来的效率和力度都会少一点。

Q **那么再请教一个问题，你觉得目前中国装配式的状态是处于什么阶段？**

A 我觉得要分装配式结构和装配式内装两方面来说。装配式结构可能在一个基础发展阶段，目前上面有政策、标准，下面有不少构件厂，硬件基础算配全了。但是整个装配式行业从上到下的产业链里，还是一个良莠不齐的状态。接下去就是一个去芜存菁的过程，让市场留下优秀的，淘汰低劣的。

装配式内装目前还没有到有序发展的阶段，虽然个别企业能做到比较完整的全套设计施工一条线的方式，但是更大量的企业还是散落在市场上，属于一种自由生长的状态，既没有出现一个龙头企业能引领行业，也没有一套规范体系去约束行业。上海的一些地方国企开发商在做这方面的试点，至少在别家还在观望的时候，地方国企先迈出一步。试点完成后有案例和实际效果了，别家企业会慢慢跟进来，只是速度还会走得再慢一点。

Q **你对精装修中的整体卫浴和整体橱柜是怎么看的？**

A 我们在2011年就开始接触整体卫浴了，新城帝景百年住宅的卫生间就是采用整体卫浴。目前国内应用的整体卫浴大多是从日本借鉴过来的，一开始说整体卫浴，大家的反应是高铁或者是飞机上的那种效果，塑料廉价感比较明显。但现在的整体卫浴已经能符合国人的审美，在饰面上采用仿木、仿石材饰面或者直接用复合砖、石材面，感官、触感都大大提高。

从目前的实践效果来看，整体卫浴确实能比较好地解决大部分的漏渗水问题。在日本的施工里面，整体卫浴的底盘和横管是在工厂里接好，运到现场后只需要将横管接到立管，准确度和精度比较高。而国内大部分项目案例是把整体卫浴底盘运到现场，横管和立管都是由总包单位来接，精度、技术都不如在工厂那么可靠，确实还存在渗漏隐患。

整体厨房我觉得可以分成三种：一种把在工厂做好的柜体、柜面拿到现场来安装的，这一种是最容易实现的，不用去推市场已经大量存在。第二种是柜体和家电做整体结合的，像一些从事家电企业出身的厂家在这方面做得比较到位。这种企业在市场上也不算多。最后一种是能把厨房当作六面体，做家电、柜体、顶地墙设计甚至和互联网结合做全套系统的，这样的企业就更少了。

整体卫浴实景照片

整体厨房实景照片

Q 你对装配式内装未来发展的看法是什么？

A 相对于装配式结构，装配式内装所面向的市场会更大，与老百姓的生活密切度也更高，所以更应该有相关政策、规范去指导并推动这个行业。目前大多数房地产开发商都在做试点，但也仅是为了保持自己在技术领域里不留空白，而不会拿装配式内装去做批量的生产和推广，究其主要原因还是成本高和供应链问题。装配式内装中体现了大量的干式作业手法，它的施工工艺、部件接口与传统湿法作业有差别，但是在地产产业链内，无法保证多家选择并兼容，或者是品质完全有保证，若产生大规模维护返修问题，地产商是无法接受的，也就无法快速发展。

Q 日本的部品部件在日式住宅中运用得很广泛，在国内为什么推动不起来？

A 我们之前做百年住宅项目是跟日方设计师一起来配合的，他们跟我们的设计流程上有一个很大的差别。比如说做精装修设计的时候，日方团队在根据土建的现有情况完成第一版设计后，必须要先定部品厂家，然后结合厂家的部品选型做深化施工图。这样可以结合厂家本身的产品性能，和它能供应到的程度去做最后设计。但我们国内不是这样的，招标是在施工图之后，所有图纸完成后才能拿到厂家招采名录。各种部件也没有标准接口，大家都是各做各的，就容易导致现场施工时候会出现大量各种不匹配的问题。

Q **中森未来5-10年的方向大致是怎样的？**

A 我们院从2008年开始试点装配式建筑，做到2013年、2014年的爆发期，中间这五六年的时间也是在等机会的，但是毕竟我们有积累，等到一个机会就可以支撑下个十年的发展。目前中森的科研储备包括装配式结构专项、装配式内装体系、百年住宅体系、长租公寓、城市更新等内容。我们立足于设计行业本身，将工业化建筑这条线持续推进，一方面往深度发展，包括不同体系的新应用、技术的更新改进；另一方面是往广度发展，面向租赁住宅、城市改造等方面。

Q **你觉得装配式行业未来发展方向是什么？**

A 我觉得装配式行业应该是往精细化控制的方向发展和推进。大家的思路现在并不是一个完全的装配式思路，或者只是在做装配式动作。装配式建筑能做到效率与美观统一，效率与成本结合，需要大家再多深入一些，挖掘更多精细化控制要点。毕竟装配式作业工厂在设备、品质和精度控制跟现场控制不是一个数量级，这就是装配式能够产生的实际价值，把能控制的量级提高一点，一些原本设计中的矛盾和冗余就能慢慢消减掉，真正往资源节约、绿色建筑方向多迈进一步。

图1 示范项目实景照片

江苏常州 新城帝景北区百年住宅示范项目

设计时间	2014年
竣工时间	2016年
建筑面积	21万m²（示范项目建筑面积为4.7万m²）
地　　点	江苏省常州市武进区

　　新城帝景百年住宅示范项目是在坚持可持续发展建设基本理念的基础上，以系统的方法来统筹考虑住宅全生命周期的规划设计、部品制作、施工建造、维护更新和再生改造等；全面实现建设产业化、建筑长寿化、品质优良化、绿色低碳化。

　　示范项目建筑面积约4.7万m²，所选楼栋33号、36号楼位于组团出入口，相对集中，避免施工过程中的长距离内部运输，可形成独立管理区域，以达到示范目的和效果。

图2 示范项目现场照片

在新城帝景北区百年住宅示范项目实践中，设计将住宅分为结构支撑体和功能填充体两部分，百年住宅理念在结构支撑体部分主要体现为实现100年的安全耐久性，在功能填充体部分主要体现为实现100年的可变与品质保障。

之所以要把百年可变的理念等同于耐久性和品质保障来同时提出，是因为目前在国内市场上，不同的家庭对各自的生活空间有着不同的需求；同一家庭处于不同的生命周期对生活的空间也有不同的需求。设计所提供的住宅能否满足这样不同的、不断变化的需求，能否让住户通过小范围改动，或者简单操作的情况下，实现空间功能的转换，这就是探索百年住宅理念需要解决的问题。

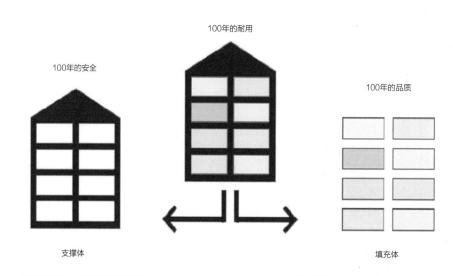

图3　百年体系介绍

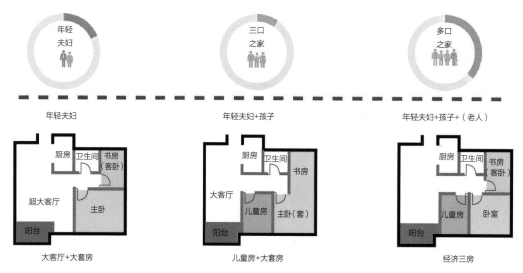

图4　全生命周期需求

图5　百年住宅技术体系

在搭建新城帝景北区百年住宅示范项目技术框架中，主要以建筑产业化、建筑长寿化、品质优良化，绿色低碳化四大技术体系为前提，梳理出12类技术系统，涵盖45项技术点。

1. 建筑产业化

外立面及主体采用预制装配体系及标准构配件等技术手段、内装采用干式工法、工厂化通用部品部件等技术手段，大大缩短了生产工期，提高了生产效率。建筑产业化模式打破了传统建造方式受工程作业面和气候的影响，在工厂即可成批次的重复制造，使高寒地区施工告别"半年闲"。

预制装配化

预制装配化的优势一方面在于消除质量通病、提高结构精度。其所有的结构构件都在工厂预制，再在现场装配施工，实现了主体结构精度偏差可以以毫米计算，偏差基本小于0.1%，同时室内空间舒适度也有了明显提高；另一方面的优势在于缩短生产周期、提高生产效率，根据项目经验统计，相对于传统现浇结构，总工期可缩短2~3个月。

图6 预制构件照片

新城帝景北区百年住宅示范项目是目前国内装配率最高的住宅项目之一，采用装配整体式剪力墙结构，单体预制率可达62.8%。单体1-4层因立面造型需要与上部标准层差异较大，综合考虑构件复制率以及结构规范底部加强区必须现浇的要求，所以负1层—4层结构为现浇，从5层开始预制装配，标准层预制率达到78.7%，设计时考虑户型外轮廓规整，避免出现大凹槽，有利于提高建筑单体节能效率；结构采用剪力墙体系，套内无暴露的柱角，便于家具布置；同时采用大空间体系，主要竖向构件沿套型周边布置，局部大板，减少套内梁的暴露，空间开放度高，便于隔墙灵活布置以及空间划分。

信息化系统

搭建BIM建筑信息模型，即在规划设计、建造施工、运维过程的整个或者某个阶段中，应用3D或者4D信息技术，对建筑的全生命周期进行系统设计、协同施工、虚拟建造、工程量计算、造价管理、设施运行的技术和管理手段。

在设计层面全专业采用BIM建模，全方位展现建筑的各项信息，为项目在全生命周期的

图7　现场吊装照片

预制剪力墙部分
预制剪力墙带填充墙部分
预制填充墙部分

图8 装配式外墙内墙拆分图

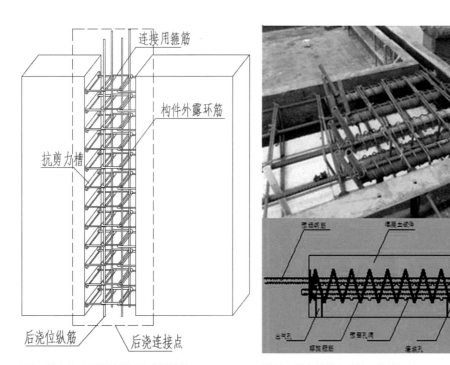

图9 剪力墙水平连接配筋及支模构造

图10 剪力墙纵向连接—浆锚连接

运行提供基本的数据支持。在施工层面装配式构件的施工安装模拟起到指导施工、减少返工、控制施工进度等的作用。在后期运维层面房屋构件信息都在BIM信息模型中，如有损毁，可通过模型信息追查相关的型号、厂家等信息，便于维修和维护。

集成专项设计

在集成专项设计方面主要是采用了整体厨房和整体卫浴。

整体厨房实现了厨房系统的整体配置，整体设计，整体施工装修。将橱柜、厨具和各种厨用家电按其形状、尺寸及使用要求进行合理布局，实现厨房用具一体化。根据厨房金三角定律，推敲后得出的操作台布置使用更高效；同时经过市场调研，充分考虑中国消费人群的生活习惯，增加了橱柜的阻尼门、升降拉篮、超大水槽等人性化设计。

整体卫浴的所有部件都是在工厂预制完成，标准化生产，速度快，品质稳定可靠。浴室主体一

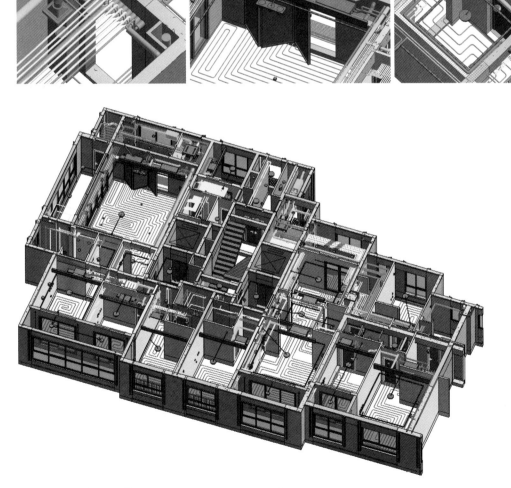

图11　BIM信息模型碰撞

次性模压成型，密度大、强度高、重量轻但坚固耐用，底部防水盆加地板防水层，双层防漏保险，杜绝了渗水漏水的质量通病。同时，整体卫浴用简易快捷的装配方式，替代了传统的泥瓦匠现场铺贴方式，无噪声、无施工垃圾；安装迅速，两个工人4小时即可装配完成一套整体浴室，大大缩短了工期，节约了劳动力成本。除此之外，整体卫浴采取的自闭式地漏更是杜绝了下水反臭，避免卫生间的空气污染，同时地漏设置在淋浴区，减少了干涸的机会。

图12　整体厨房　　　　　　　　　　　　图13　整体卫浴

2. 建筑长寿化

建筑长寿化的基础是结构支撑体的高耐久性和长寿化，但不可否认，建筑内填充体的寿命无法与结构主体同步，传统住宅随着时间的累积，内填充的装饰、管线部分逐渐老化，必然面临更新检修的要求。因此，百年住宅强调采用SI住宅体系，实现支撑体与填充体完全分离、共用部分与私有部分区分明确，有利于使用中的更新和维护，实现100年的安全、可变、耐用。

结构耐久性

结构耐久性按照100年使用寿命进行设计。

本工程采用风荷载100年基本风压0.45kN/m²；而一般工程采用50年一遇风压0.3kN/m²，提高了50%。

本工程按100年使用年限设计，楼面屋面活荷载设计使用年限调整系数为1.1（见表1、表2）

混凝土结构的最低度等级采用C30；而一般工程最低强度等级为C15。

根据100年使用年限，将钢筋保护层厚度按常规住宅取值1.4倍考虑。（表3）

各类环境下结构耐久性的基本要求 表1

环境类别	最大水胶比	最大氯离子含量（%）	最大碱含量（kg/m^3）
一类	0.55	0.3	3.0
二a类	0.45	0.2	3.0
二b类	0.45	0.15	3.0

楼面和屋面活荷载考虑设计使用年限的调整系数γ_L 表2

结构使用年限（年）	5	10	100
γ_L	0.9	1.0	1.1

最外层钢筋保护层厚度 表3

环境类别	板、墙、壳		梁、柱	
	设计年限100年	一般	设计年限100年	一般
一类	21	15	28	20
二a类	28	20	35	25
二b类	35	25	49	35

SI体系

SI体系强调管线分离技术，即管线不在结构体内预埋，除去了开槽砸墙之苦，有效保护建筑结构。室内完成体六面架空，由轻钢龙骨隔墙、轻钢龙骨吊顶等构成建筑内空间，实现干法施工，并且采用同层排水、分水器应用等手段，使内填充体的检修和更换变得简单，同时保证内填充体的施工改造不影响结构支撑体的使用寿命和安全性。

设备集成

住宅主体内利用多种技术，例如除霾新风：将室外的空气、受到风处理机的吸引进入风柜，并经过PM2.5吸附过滤降温除湿后由风道送入每个房间；地暖：室内地表温度均匀，室温由下而上逐渐递减，给人以脚温头凉的良好感觉；中央空调：温度精确分控无死角；还有净水软水处理等，为住宅提供一个更健康舒适的生活环境。

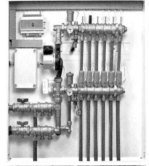

图14 SI部品示意

空间可变

空间可变主要解决的是功能长寿命的问题，从技术的前置手段满足不同功能需求对空间的要求。

首先，结构剪力墙均沿套型外侧布置。除卫生间等固定使用空间外，在保证结构经济合理的前提下，居室空间无结构竖向构件，空间可灵活分隔。

其次，采用大板结构体系，内部无梁无竖向构件，具有经济、快速、易于安装和设计灵活多样的特点。

最后，最大化管线出户，将竖向水管井与排风井合并且集中考虑，原则为布置在结构不可动区域或功能空间以外区域，方便检修，增加空间完整性及灵活性。

图15　设备集成

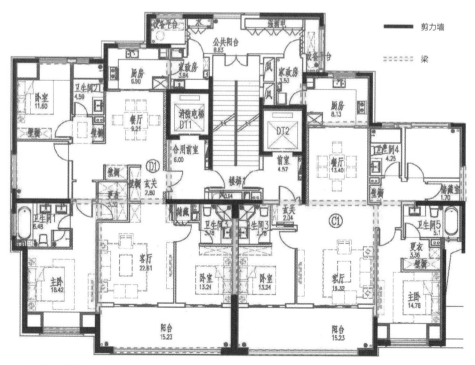

图16　剪力墙外圈布置

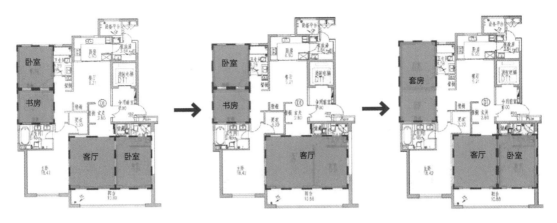

图17 空间可分可合

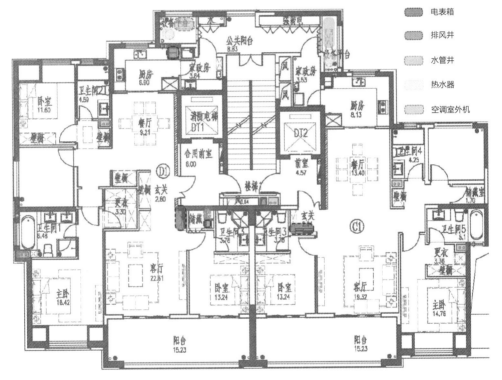

图18 管井位置集中布置

3. 品质优良化

强调对综合性玄关、全屋收纳、阳台家政区等进行人性化设计，同时采用环保内装、新风系统、地暖、整体卫浴等产业化新技术，有效提高住宅性能质量，提升住宅品质。

功能家居

包括综合性玄关、集成家政区、LDK互动空间等设计。通过对使用功能的仔细推敲和空间的合理规划进一步提升使用者的舒适感受。

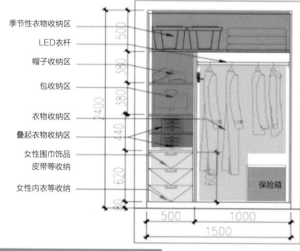

季节性衣物收纳区
LED衣杆
帽子收纳区
包收纳区
衣物收纳区
叠起衣物收纳区
女性围巾饰品
皮带等收纳
女性内衣等收纳

保险箱

500 | 1000
1500

LED衣杆
层板被褥收纳区
LED衣杆
衣物收纳区
衣物收纳区
旋转衣镜
男性围巾及手帕等收纳
男性皮带饰品等收纳
男性袜子内裤等收纳

1120 | 500
1620

收纳物	收纳量
长大衣	8件
短大衣	8件
西装	12件
连衣裙	8件
需挂便服	12件
衬衫	20件
叠好的便服	12件
裤子	10条
半身裙	10条
皮带	8根
小毛巾	10条
手帕	10条
领带	15条
帽子	5顶
围巾	8条
棉毛衫	30件
女式内衣	15件
内裤	30条
短袜	30双
长筒袜	15双
饰品	若干
手表	10个
包	10个
被褥	2条
薄被褥	4条
毯子	4条
床单	4条
毛巾被	4条
换季品存放箱·备用区	190m²
保险箱	1个
旅行箱	2个

图19　全屋收纳

全屋收纳

七大收纳体系，基本做到了每个空间都有独立的收纳系统，入户玄关收纳、厨房收纳、阳台家政区收纳、卫浴收纳、独立储藏间收纳、卧室收纳等。

超大收纳量：最大限度地活用每一寸空间，实现了套内超大收纳量，在满足家庭收纳需求的同时，创造了整洁舒适的居住环境，也为未来生活的无限幸福预留了充足的收藏空间。

智能化系统

包括安防联控、家电控制、照明管理和环境监测等智能化的信息处理，使智能化不单单局限于单户住宅，通过与小区物业的衔接实现远程控制、第一时间反应的互动效果。

人性化部品

部品体现人性化考量，在细节上追求对品质的提升，例如：通过采用了大量富含微孔的天然黏土、海洋古生物沉积矿物等多种天然环保材料科学配比高温烧制而成的一种新型的陶瓷产制品——呼吸砖，有效地降低了空气中的有害气体；采用通用化开关插座高度，开关高度下移至1000mm，插座高度升至400mm，方便家里老人小孩的使用；采用抗震门，在极端灾害情况下保证门不变形，打通关键逃生通道；还有自动门吸、折叠玄关凳等一系死人性化部品部件的应用。

无线可燃气泄漏探测器：
可探测空气中的天然气浓度，具备分析真伪火情功能、漂移自动跟踪补偿功能，自动发出无线触发信号，启动警报器。

无线烟雾（火警）探测器：
实时监控室内的烟雾浓度，独有的内置烟雾收集器更可有效防止因尘雾引起的误报。

无线调光开关：
根据用户需求设置灯光设备的光线亮度，节约能耗，可无线遥控灯光设备，表现出理想的光影效果。

触摸墙面开关：
无任何机械触点，不产生火花，具有燃气防爆功能，使用安全方便。

图20　智能化系统

4. 绿色低碳化

在增加外墙的保温及门窗的气密性外，考虑增加外遮阳设施，节约空调能耗。同时，采用干式工法，主体结构及外墙采用装配式，减少工地扬尘、噪声污染；内装上，采用架空地板、轻质隔墙、整体卫浴，减少现场湿作业。综合实现节水、节地、节能、节材，达到绿色低碳化。新城帝景项目获得了绿色三星认证。

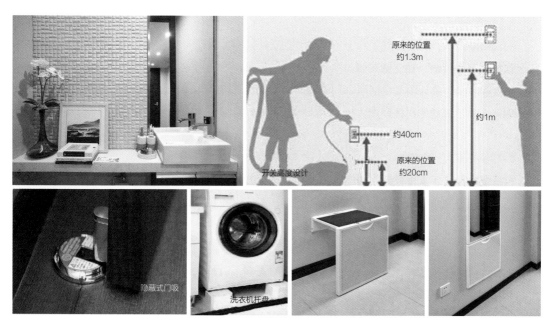

图21　人性化部品

研究意义

1）中国百年住宅技术体系的研究就其社会意义而言：第一，延长住宅使用寿命，实现可持续居住和资源节约型社会的可持续发展；第二，长寿命化住宅建设，让建筑成为城市文化的一种积淀，利于城市再开发；第三，灵活的户型变化和结构优良性，满足家庭全生命周期的需求。

2）对于建设方而言，符合建筑业转型升级的时代要求。其中：预制装配技术及干式工法，有效缩短开发周期，提高企业综合效益；产业化部品应用，有利于形成产业化联盟，降低建造成本；人性化设计以及产业化新技术的应用，有效提高性能质量，提升住宅品质；绿色低碳化有效增加产品附加值，扩大企业品牌效益。

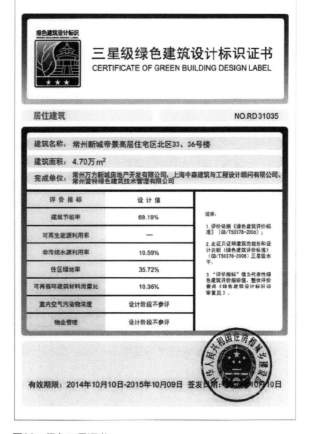

图22　绿色三星证书

图23 新城帝景百年住宅示范项目

项目小档案

项 目 名 称：新城帝景百年住宅示范项目

项 目 地 点：江苏省常州市武进区

设 计 单 位：上海中森建筑与工程设计顾问有限公司

设 计 内 容：施工图设计（含装配式建筑、全装修设计）

设 计 团 队

设计总负责人：李昕　徐颖璐

设计核心团队：徐颖璐　孟岚　李新华　马海英　庞志泉　赵志刚　周亮　马国朝

整　　　　理：孟岚

董灏

创新思考者，Crossboundaries合伙人及联合创始人。

本科毕业于北京建筑工程学院，于纽约普瑞特艺术学院（Pratt Institute）获得建筑学硕士。在美国完成学习及工作五年后，于2003年任职于北京市建筑设计研究院（BIAD），2008年成立BIAD国际工作室至今，2005年作为合伙人建立Crossboundaries。Crossboundaries代表项目包括：北大附中本校及朝阳未来学校、爱慕时尚工厂、索易儿童成长中心等。曾获2018、2019年度德国设计大奖、2018年Architizer A+大奖等。

工作室曾参展第十五届威尼斯双年展"穿越中国——中国理想家"及2018年BEIJING HOUSE VISION大展。董灏还曾执教于清华大学、北京大学和中央美术学院，并在北大附中、世界联合学院（UWC）中国分校、探月学院、启行营地教育(IDEAS)等机构为中小学生教授创意课程。

设计理念

致力于让每一个人成为更好的自己。

我们希望用空间安排阐释一种"人本"态度，促进平等，化解矛盾，让置身其中的每个人都被空间促进而不是局限。通过尺度、色彩、材料等手段，给予空间使用者充分的尊重，尽可能消解空间布局造成的群体对立。

归根结底，空间形态往往是组织关系的物理体现。例如，我们改造的教育空间，承载了鼓励学生自己探索求知的教育理念；我们改造的办公空间，从传统上下级转向了更加扁平的公司组织格局……

访谈现场

访谈

Q　**你事务所在学校设计上很有经验，请谈谈为什么选择设计装配式学校？**

A　过去五年，我们设计了大大小小总共18个学校项目，其中有12所是公立中小学。公立学校不同于私立学校的一点是造价相对较低，所以做设计的空间也相对有限。但我们认为，公立学校毕竟是面向大众、服务更广泛家庭的教育机构，其设计和教育理念关乎更大的学生群体。因此Crossboundaries一直在探索如何在有限的预算内，为师生创造更丰富而又有教育前瞻性的空间体验。围绕这个目标，我们研究了国内既有的装配式案例，它们多集中在形式高度重复的高层住宅上，其实，学校教学楼和宿舍也具有类似的高度重复性。我们感到，装配式是一个突破口，控制了校园主体建筑的成本，就能为很多公共或综合空间设计留出更多发挥的余地。所以我们希望尽早通过实际项目，开始这方面的探索。

深圳坪山锦龙学校施工现场

Q　请结合深圳坪山锦龙学校，谈一谈"装配式思维"。

A　装配式思维是通过装配式的手法，实现整体建造的简化，同时将更多设计投入和资源用于重点的局部，以最大化地体现空间特色。在锦龙学校的设计中，教室是适合于同尺寸标准化设计的单元，教室区域我们全部用了同一种模块，而走廊和楼梯是可以发挥设计优势的地方，我们在教学楼这些交通空间中做了三件事：

一是空间关系。设计过程中我们重新思考了走廊和教室的关系。传统教学空间中走廊就是主要教学空间旁边的附属通道而已。在这座学校的设计中，基于装配式思维，我们把走廊和教室分别作为两块独立空间来思考，将两者的关系由"主从关系"变为走廊包围教室的关系，让师生在课余时间有最大化的交流的场所。

二是色彩系统。我们将全校范围内代表公共交通的区域，都赋予了蓝色，借助着南方外廊的形式，走廊的色彩可以延续到外立面上，成为整体建筑的亮点，同时让师生潜移默化地感受到，蓝色代表的就是行进空间。

三是形体变化。考虑到三栋教学楼排排相对，首先我们将中间一栋走廊改为S形，学生下课期间可以同时与南、北两侧楼内的同学进行交流，同时为了制造出趣味的空间，中间一栋楼也做了一处折线处理，使得围合出来的空间不再是规矩、方正的形状，而是趣味的多边形。

通过这三个处理，锦龙学校的设计方案既保证了教室的标准化，又释放出走廊潜在的社交可能性。

Q 这次设计有什么特别的尝试吗？

A 教学楼需要兼顾标准化的教室和交通空间的趣味性，要实现这一点并不容易。我们面临最大的挑战是，一面要体现教学楼、宿舍楼的装配特性，另一面又要突出公共区域的本校特色。在与合作方多次沟通中我们建议，学校中20%的特别区域不采用装配式，通过用心打造变化和趣味，在这样一个高密度的场地中，让师生仍能体会到一种轻松、惬意的低密度感。

深圳坪山锦龙学校效果图

深圳坪山锦龙学校内部空间

Q 这个设计思路，具体是怎么实现的呢？

A 我们主要做了两件事：一是将居中的体育场，设计为校园的"绿心"。在常规中，体育场往往被安排在学校的东侧，而在这个高密度学校，体育场已不得不被抬高到2~3层的高度。体育馆下最合适的房间是光照要求不高的配套教学用房和体育用房，我们重新思考了教学楼、宿舍楼、上盖体育场之间的关系。不同于地面上的体育场，上盖体育场下面的空间实际是每个学生都会使用的食堂、图书馆、体育馆等空间，与其将他们安排在学校一角，在高密度条件下，把这些空间置于教学楼和宿舍楼中间反而更合理。同时，这样布局产生的另一个优势就是，学校的布局从教学楼到上盖体育场再到宿舍楼呈现出高低高的剖面关系。站在教学楼或者宿舍楼上仍可俯视中心球场，大大缓解了原有的高密度感。

二是增进两侧联系。将上盖体育场置于中心后，使得学校大门正位于体育场北侧，教学楼和宿舍楼分别位于中心区域的西侧和东侧，这样"绿心"成为整个学校的交通枢纽。我们在首层中设计了通高的南北大道，直接从北侧校门连通到校园南侧，同时在多层空间中均设计有东西长廊，便于教学楼与宿舍楼之间交流。

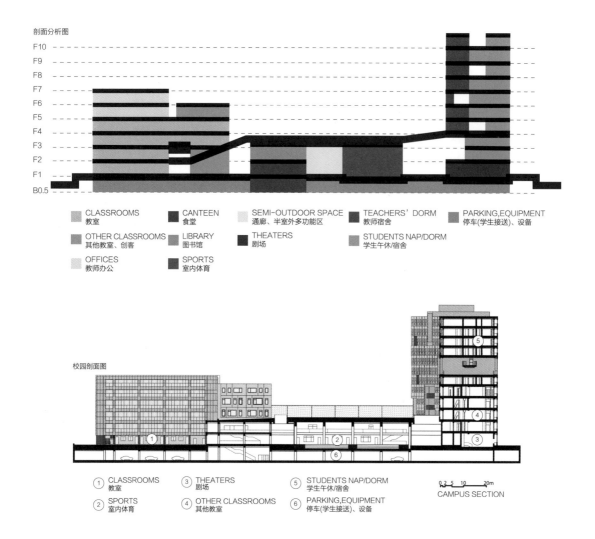

剖面分析图

■ CLASSROOMS 教室	■ CANTEEN 食堂	■ SEMI-OUTDOOR SPACE 通廊、半室外多功能区	■ TEACHERS' DORM 教师宿舍	■ PARKING,EQUIPMENT 停车(学生接送)、设备
■ OTHER CLASSROOMS 其他教室、创客	■ LIBRARY 图书馆	■ THEATERS 剧场	■ STUDENTS NAP/DORM 学生午休/宿舍	
■ OFFICES 教师办公	■ SPORTS 室内体育			

校园剖面图

① CLASSROOMS 教室	③ THEATERS 剧场	⑤ STUDENTS NAP/DORM 学生午休/宿舍	
② SPORTS 室内体育	④ OTHER CLASSROOMS 其他教室	⑥ PARKING,EQUIPMENT 停车(学生接送)、设备	CAMPUS SECTION

Q 你提出设计一个既实用又有美感的装配式建筑,请聊聊这个观点。

A 我早期有多年美国留学经验,在西方人们崇尚建筑原材料的美感。国内因为工期紧张,传统的现场施工建筑,往往因为很难保证材料的精度,不得不在材料外增加额外的装饰层。装配式构件在工厂中加工完成,构件的精度大大提高,提供给建筑师更多暴露建筑原材料质感的可能性。同时,通过增加颜料、骨料,也可以设计出更多无法通过现浇做出的混凝土材料款式,让建筑更富于美感。

Q 你会如何展现预制构件的美感?

A 2019年深圳坪山美术馆的开幕展中,我们将装配式的美体现在了我们的装置作品"THE KNOWN"中。裸露的预制混凝土楼梯表面光滑如丝,梯面整齐划一,连踏步线的细节都很精

装置作品"THE KNOWN"

致，这大大改变了大家对裸露混凝土楼梯十分粗糙的刻板印象。我们将这艺术品一般的楼梯，配上同样代表现代建筑主要材料的钢与玻璃，制造出一个无限反射的楼梯镜面效果，代表着我们对现代建筑及都市的反思。用装配式思维来探索材料的不同可能性，是我们计划的下一步尝试。

Q   你怎么看待装配式未来的发展前景？

A   我对装配式的发展比较乐观。相比发展迅速的信息科技领域，建筑行业的发展缓慢了很多。比如现在总听人们在说"第三次工业革命"即将到来，而国内建筑行业还停留在工业化程度较低的阶段。核心问题在于，传统建筑设计及施工的作业面太窄了。这个"窄"体现在两个维度，一是时间，二是空间。

时间上，因为建筑施工有前后工序，比如必须搭起地基才能建结构，有了结构才能有维护墙体。按照传统的施工方式，步骤流程比较固化，周期也很难缩短。而通过装配式的建造方式，在打地基前已经可以开始进行梁、柱、板甚至是精装饰面的加工了。这就在时间上打破了原有工序，可以重新统筹，以争取更高的效率。空间上，传统施工现场的作业面往往集中在一个区域，即便同时集结了大量工人，也无法在有限的空间内显著提升施工速度和成果。装配式思路打开了空间的限制，工厂里可以进行构建预制，在现场只要完成快速安装流程，即可以转移到下一个作业区。更重要的是，建造层面的工业化进步和革新性，也会反过来影响设计阶段的思路与技法，必将促进创新的设计方式。对于这些可能性我们十分好奇，会继续在装配式的道路上探索。

图1 宿舍楼侧视角

深圳市坪山区锦龙学校

建筑面积	53508m²
设计时间	2018年6月-2018年11月
竣工时间	2019年8月（预计）
建设地点	广东省深圳市坪山区

  2018年，Crossboundaries受托为深圳市新成立的坪山区设计、建造一所建筑面积约5万m²、规模36个班的公立小学。目标是2019年9月就要开学，设计、建造周期仅8个月左右。

  时间如此紧迫是有缘故的。坪山区在2017年设立伊始，学位供应就极度紧张。随着众多高密度小区陆续入住，2018年秋季的招生情况更加严峻，已经到了各校报名人数普遍超出招生计划33%～150%的程度。为早日缓解片区就学压力，区政府2018年火速立项，要用一年时间为本区新增一批学校。

  Crossboundaries采用装配式建造方式，大大缩短了建设周期及现场投入；

图2　从南侧俯瞰校园

同时，我们也始终注重以人为本的空间关系，在高密度的教室与宿舍间，灵活、均衡地布置了各类公共空间，使标准化与特殊化得以在该项目中并存，兼顾建校的效率与质感。

1. 活用装配式

锦龙学校的用地面积仅16172m²，容积率大于2，对学校而言很高。为消化教学与居住上的高密度需求，我们用装配式技术建造标准化的教室和宿舍，同时达到缩短建造周期、降低建设成本的目的。

但标准化不等于一成不变。我们针对宿舍楼和教学楼立面的预制元件，分别设计了不同的组合策略，以从视觉上为校园增加变化。

在高层宿舍楼的立面上，我们用不同厚度和色调的预制板拼出起伏韵律，并与嵌入的开敞公共空间搭配，疏解了高层宿舍楼往往会造成的视觉压迫感。在教学楼上，尽管内部的标准教室格局相同，但我们选用了四类宽窄不一、带有不同窗洞的预制板，用程序为每间教室计算出各异的开窗形式，以四类预制板的排列组合实现；于是从外部看去，教学楼的所有窗洞就形成了疏密变化的效果。

图3　隔街远望鲜明的立面

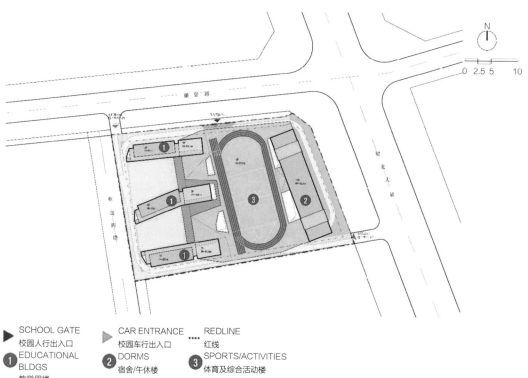

▶ SCHOOL GATE
校园人行出入口

▷ CAR ENTRANCE
校园车行出入口

REDLINE
红线

① EDUCATIONAL
BLDGS
教学用楼

② DORMS
宿舍/午休楼

③ SPORTS/ACTIVITIES
体育及综合活动楼

图4　总平面图

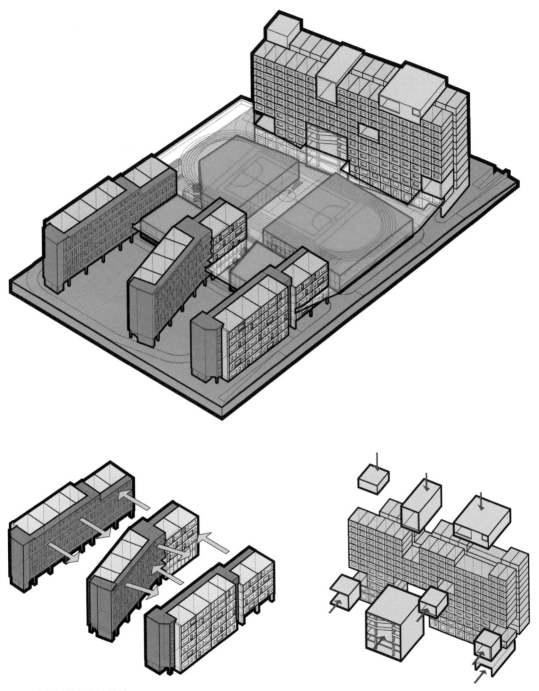

图5　空间结构及体块关系

2. 消解单一性

在这样一个时间紧、密度大的项目中，我们依然侧重公共空间的设计，以弥补高度重复空间的不足，疏解压迫感，植入人性化空间，为教育创新留出空间。

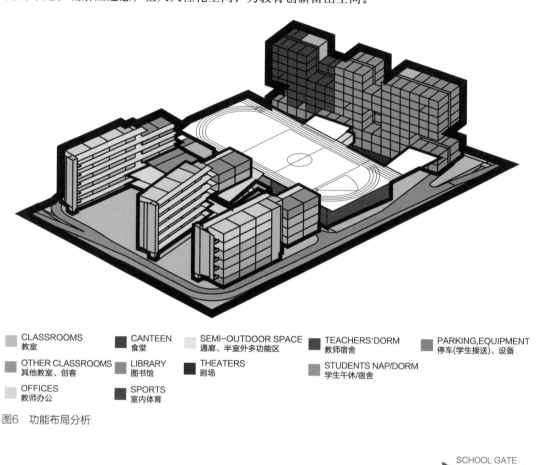

CLASSROOMS 教室	**CANTEEN** 食堂	**SEMI-OUTDOOR SPACE** 通廊、半室外多功能区	**TEACHERS'DORM** 教师宿舍	**PARKING,EQUIPMENT** 停车(学生接送)、设备
OTHER CLASSROOMS 其他教室、创客	**LIBRARY** 图书馆	**THEATERS** 剧场	**STUDENTS NAP/DORM** 学生午休/宿舍	
OFFICES 教师办公	**SPORTS** 室内体育			

图6　功能布局分析

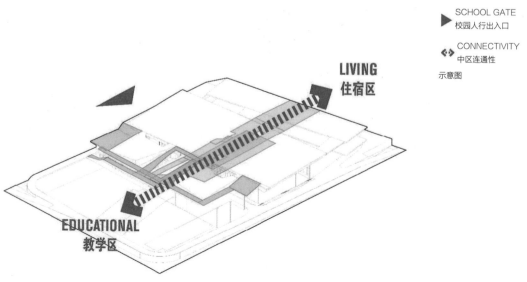

SCHOOL GATE 校园人行出入口

CONNECTIVITY 中区连通性

示意图

LIVING 住宿区

EDUCATIONAL 教学区

图7　贯通南北的交通干道

在校园整体规划层面，我们特意把体育场布局在教学区和宿舍楼之间，并将其抬高，下方安排的是日照要求不高的体育馆、图书馆和食堂。于是，学校的布局从教学楼到上盖体育场再到宿舍楼，呈现出"高—低—高"的剖面关系。站在教学楼或宿舍楼向下俯视，视野开阔，加之体育场其下还"藏"了二至三层建筑的体量，大大缓解了原有的高密度感。

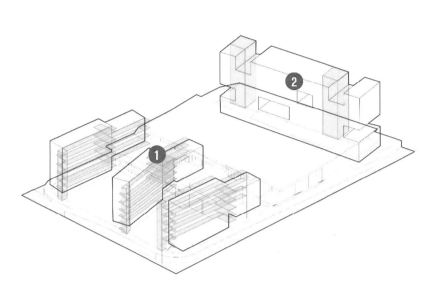

EDUCATIONAL CIRCULATION
教学区流线
DORM CIRCULATION
住宿区流线

示意图

图8　各楼内部的垂直交通流线

图9　教学楼间的庭院

同时，上盖体育场也扮演了校园交通枢纽的角色，以便增强整体的通达性，强化各功能区的联系。体育场下方，有一条通高的南北大道，直接从北侧校门连通到校园南侧；同时，在多层空间中均设计有东西长廊，便于教学楼与宿舍楼间交流。

在建筑形态层面，我们将三排教学楼做了折线处理，使得它们两两围合出的中庭，不再是方正的空间，而是趣味的多边形。

针对居住单元高度重复的宿舍楼，我们也在不同高度嵌入了尺度较大的公共空间，舒缓宿舍的拥挤感。

在装配式建造的教学楼，我们对局部空间也进行了优化。在中间那排教学楼，以"S"形廊道"穿针引线"，连缀起另两栋楼的公共空间，形成教学楼的大交通网。同学们走出教室，就可以自由自在地活动与交流。

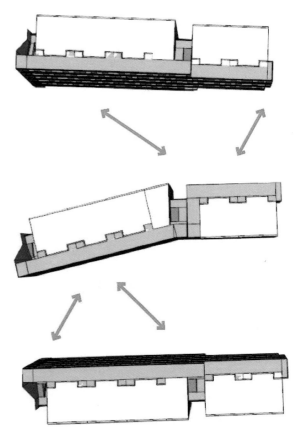

图10　内院交流示意图

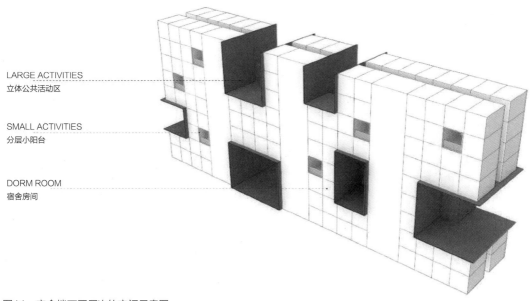

LARGE ACTIVITIES
立体公共活动区

SMALL ACTIVITIES
分层小阳台

DORM ROOM
宿舍房间

图11　宿舍楼不同层次的空间示意图

3. 对症公立学校发展难

长久以来，公立学校普遍面临着预算有限、用地紧张的现实约束。然而作为服务社会大部分家庭的主流教育机构，其设计质量和教育理念关乎更广大学生群体的利益。所以，如何在有限的预算内为师生创造更丰富、人性化的空间体验，协助教育者追求面向未来的办学理想，也一直是Crossboundaries在探索的课题。

总有人对我们说，Crossboundaries很幸运，能和一些资源充足、理念先进的优秀办学机构合作，在设计上的发挥空间很大。其实，我们过去五年设计得更多的还是传统的公立中小学。

在深圳锦龙学校的设计过程中，我们开始对装配式建筑在学校项目中的应用进行积极探索，并为未来仍将面临的相似问题，积累了宝贵经验。

图12　立面细部

图13　入口处的廊道

图14　校园实景

设计团队合影

项目小档案

建设地点：广东省深圳市坪山区

建设单位：中建科技集团有限公司

建筑面积：53508m^2

设计时间：2018年6月–2018年11月

竣工时间：2019年8月（预计）

设计单位：Crossboundaries，北京

设计人员：Binke Lenhardt（蓝冰可）　董灏　高旸　甘力　侯京慧

　　　　　David Eng　Silvia Campi　Eric Chen　王旭东

佘龙

四川成都人，2004年于西南交通大学建筑学院获得建筑学硕士，现任中国建筑西南设计研究院建筑工业化设计研究中心执行总建筑师，中国建筑学会工业化建筑学术委员会理事、四川省装配式建筑产业协会专家、四川省土木建筑学会建筑工业化专委会专家、成都市首批装配式建筑专家。

在西南院工作期间完成了大量各类型建筑设计及科研项目，2014年开始在总建筑师李峰带领下进入装配式建筑领域，协助李峰总建筑师组建了建筑工业化设计研究中心。参与了多项"十三五"装配式建筑国家重点研发计划及省市相关课题、规范及图集。主持设计了大量建筑产业化生产基地和高装配率试点示范工程。其中全装配式钢结构项目——成都远洋太古里获得2016年中国建筑学会建筑创作金奖，2017年全国优秀工程勘察设计行业奖一等奖，2017年全国优秀工程勘察设计绿色建筑一等奖。

设计理念

技艺成就建筑之美，源于技，达于艺。

技艺成就建筑之美，"技"与"艺"让人们了解到建筑的美，同时也是每一个建筑师密切关注和探讨的话题。"源于技，达于艺"是设计的出发点，也是设计的最终目标。当前中国的城市建设已经从追求速度转变为注重质量，建筑师负责制、EPC和PPP、全过程咨询等新政策频出，在这种大形势下，建筑师更需要通过新的思路来追求建筑的品质，从更高的层面思考建筑。

访谈照片

Q　西南院在装配式建筑实践当中用的比较多的是哪个结构体系？

A　装配式木结构体系由于受到环境保护、木材产量和材料性能本身诸因素的影响，实际上在项目中应用较少，目前主要在一些风景旅游区小规模使用。装配式钢结构体系目前在公建中使用较多，使用年限也较长，但是在住宅中由于三板问题没有有效解决，使用成本较高，因此应用较少。目前我院大量的项目还是以装配式混凝土结构体系为主，装配式钢结构为辅。

Q　请介绍一下你们所承担的典型项目。

A　装配式混凝土结构的各类项目到目前为止我院做了两百多万平方米。

由于我院在装配式建筑领域的技术领先优势，四川的新型建筑工业化生产基地几乎全部由我院设计，包括成都建工青白江和简阳的工业化生产基地、中建科技成都绿色建筑产业园、成都城投远大建筑工业化生产基地、万科万兴双流绿建产业园等七个新兴建筑工业化产业基地，总产能160万m³。

新兴工业园服务中心是西南地区第一个全装配式框筒结构体系高层综合楼建筑，建筑规模9万m²，这个项目是"十三五国家重点研发计划预制装配式混凝土结构建筑产业和关键技术项目"示范工程。采用的预制构件主要有预制叠合板、叠合梁、预制柱、预制外挂板、预制楼梯，装配构件及部品主要有轻质隔墙、一体化装修、整体卫浴、幕墙体系等。这个项目由中建科技EPC总承包，也是成都市第一个采用EPC总包的装配式项目，作为天府新区标志性装配式建筑存在，已然成为行业的典范，对推广装配式建筑体系，推动装配式建筑发展做出引领和示范作用。

新兴工业园服务中心主入口

成都远洋太古里鸟瞰

成都远洋太古里是一个全装配钢结构项目，建筑规模25万m²。该项目获得2017年度全国优秀工程勘察设计行业奖一等奖、2016年建筑学会金奖、2016年香港建筑师学会城市设计特别奖、2012年MIPIM最佳市区更新项目银奖等诸多奖项。太古里地上建筑采用了全钢框架结构、钢筋桁架楼承板、全幕墙体系和一体化装修，根据新的《装配建筑评价标准》，它可以达到AAA级。项目力求融合成都历史文化遗产与创意时尚都市生活，复兴片区城市活力，丰富并延续城市的文化和历史内涵。以"都市更新"为理念，用现代语言演绎传统空间，将成都的文化精神注入建筑群落之中，塑造都市环境和文化遗产紧密结合的城市空间，建立一个多元化的可持续发展的街区型商业综合体，为历史文化保护区保护与更新提供新的借鉴模式。

Q 请介绍下贵院的BIM技术应用情况？

A 我们院领导非常重视BIM技术的应用。从2012年开始，每个生产院每年就必须完成一个BIM设计项目，2014年正式成立BIM中心。

装配式建筑天然适合采用BIM技术，装配式建筑"一体两翼"协同发展的重要"一翼"便是基于BIM技术的一体化设计。

2013年，我院从第一个装配式建筑试点示范项目——锦丰新城保障房项目就开展了全生命周期BIM设计探索，将BIM技术融入装配式建筑项目建设全过程。通过BIM可视化技术进行方案及施工图设计；对预制构件拆分设计进行了优化；采用全BIM技术完成构件深化图，并将BIM模型用于后续构件生产、施工、现场管理和后期运维，实现全产业链数据共享。

新兴工业园服务中心BIM技术应用

新兴工业园服务中心BIM技术应用

我院推广基于BIM技术的装配式建筑三维协同设计，在三维可视条件下建设标准化预制构件和部品数据库，开展模拟拼装、部品部件协调检查、工程量数据分析等工作，提高施工图设计精度和施工效率，降低装配式建筑部品部件企业生产成本。建设装配式建筑施工管理系统，开展施工模拟、现场监测、可视化控制技术研究，通过获得重点监控对象数据，实现高精度安装控制目标。由于我们装配式建筑项目中的BIM应用起点较高，之后的高装配率装配式项目中我院全部运用了BIM技术。

Q 对装配式建筑未来的发展有什么建议？

A 随着中国经济的不断发展，人口素质不断提高，重体力劳动很难吸引人才流入，传统现浇方式必将面临劳动力短缺的问题。装配式建筑发展的步伐和速度需要政策层面的支持。通过奖励政策或强制性与拿地条件捆绑，坚持示范引领、逐步推进的原则，积极发挥政府统筹规划、协调推进作用，通过政策引导、支持建立适合装配式建筑发展的市场机制。

其次，装配式建筑的发展需要市场的孕育和扶持。目前我国装配式混凝土建筑发展处于起步阶段，关键技术及集成技术还未完善，全产业链不健全，尚未形成上下游的辐射带动能力。坚持以市场为导向，整合市场资源、完善市场机制、激发市场活力、提高市场需求。比如，我们刚做装配式建筑项目的时候，很多配套材料四川都没有，要到北京、上海去买，因此导致整个项目造价增量较高。但整个产业链完善了之后，很多企业自己就会选装配式建造方式，因为它更便宜，速度更快，质量更好。

新兴工业园墙面细部设计

再次，装配式建筑的发展，需要积极开展技术研发、规范标准研究、产品转化升级，全面发挥科技支撑作用。采用产学研用相结合的协同创新机制，提升群体竞争力，积极推动产业链成型，促进相关产业集群良性发展。

Q **请介绍一下您对一体化建造的理解。**

A 目前装配式建筑的发展过程中面临着各种技术要素碎片化、割裂和离散状态，缺乏系统性统筹，导致生产工期、质量和效益无法有效保障。要推动建筑业的高质量发展，引领工程建造在绿色发展方向上寻求变革与提升，就必须打破碎片化管理现状。一体化建造就是要建立"全系统、全过程、全产业链"协同建造，将房屋的主体结构系统、外围护系统、设备与管线系统及内装系统进行总体的技术优化，打通设计、生产、装配、管理等各个环节，多维度强化一体化建造方式，实现装配式建筑的高效率、高效益、高质量、高品质。

新兴工业园鸟瞰

EPC工程总承包模式是适应现代化发展的建造模式，它能够有效解决设计、生产、施工脱节、产业链不完善、信息化程度低、组织管理不协同等问题，是实现一体化建造的必然选择。我院与中建科技及中建四局、五局深度配合，通过EPC总承包方式在中建科技成都绿色建筑产业园、中建滨湖设计总部、新兴工业园服务中心等项目中作了尝试，在工程协同配合效率、造价控制、资源统筹等方面提升较高。

图1　成都远洋太古里夜景鸟瞰

成都远洋太古里

建筑面积	24.55万m²
竣工时间	2014年
设计时间	2012年-2014年
地　　点	四川省成都市锦江区

　　成都远洋太古里位于大慈寺核心保护区，环抱古大慈寺，占地约5.7万m²，总建筑面积约24.55万m²（其中地上10万m²，地下14.55万m²）。地上商业共30栋，以2~3层独栋为主，全钢框架结构，建筑高度控制在18m以内。这是一个融合文化遗产、创意时尚都市生活和可持续发展的开放式街区型购物中心，充满着丰富的文化和历史内涵，已成为远近闻名的地标建筑，获得了国内外多项大奖。

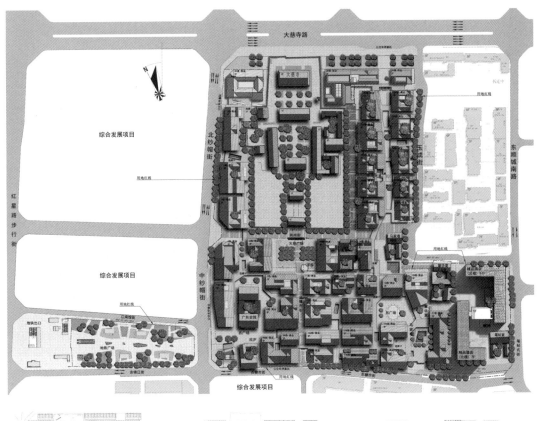

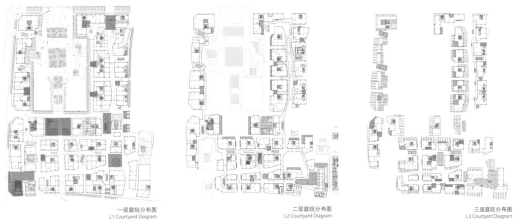

一层庭院分布图
L1 Courtyard Diagram

二层庭院分布图
L2 Courtyard Diagram

三层庭院分布图
L3 Courtyard Diagram

图2 总平面图

以现代诠释传统的设计理念,将成都的文化精神注入建筑群落之中,结合传统格局并注入现代元素。我们并不是打造一个单纯的购物中心,而是希望为市民提供一个全新的全方位的体验和社交空间。项目的成功,背后隐含的设计理念、对城市空间的思考、对传统文化的思考、对建筑形态的思考都值得细细品味和研读。

图3　成都远洋太古里内部庭院空间

新建建筑地上部分采用全钢框架结构+钢筋桁架楼承板+全幕墙体系，以玻璃、陶板、铝合金格栅等当代材料共同演绎西蜀传统风格。室内采用装配式一体化装修、管线分离、轻质隔墙、整体卫生间等技术，装配率92％，装配式建筑评价等级为AAA级。

平面采用9m的标准单元模块进行自由组合，立面在标准单元模块的基础上实现了多样化组合，每栋建筑基本模块相同但是都有变化。

"青瓦出檐长，穿斗格子墙，悬崖伸吊脚，外挑跑马廊"，商业建筑以现代方式重新演绎四川民居的主要特征。一个富有地方传统韵味并具有现代风格的建筑群的实现维系于色彩、建材、工艺建构、营建体系和装饰处理上，亦同时取决于人们如何使用建筑。这些背景条件的演变，决定了新建建筑不可能简单的模仿传统建筑，势必是以营造带动的内发性地域创造。以当代材料建造当代建筑，可以有效地维持城市的历史层系。

按照绿色建筑及可持续发展进行设计，获得美国LEED金奖和中国绿色建筑二星级。

在设计过程中，遵循被动优先、主动优化的原则，从节地与室外环境、节能与能源利用、节水与水资源利用、节材与材料资源利用、室外环境质量、运营管理六大方面进行设计。

利用坡屋顶老虎窗、山墙格栅、屋顶内凹空间设置排风、排烟口及燃气放散管泄气口。这些措施既满足功能需求又不影响建筑外观，形成简洁而有韵致的外部表皮。极简效果的背后是精巧的技艺控制。

图4 二层组合平面

图5 内部装修
（充分采用装配式一体化装修，有利于商业建筑的反复改造和不断变换装修）

（a）

（a）

（b）

（

图6　商业建筑典型风格

图7　良好的生态环境

（a）

（b）

图8　大跨度连廊

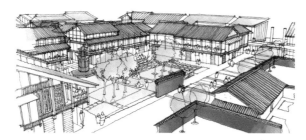

图9　屋顶设计草图

图10　新旧建筑的共存

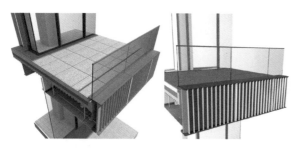

图11　保温、装饰一体化外幕墙系统

本项目的实施涉及众多的参与方，包括多家境内外设计顾问公司、材料厂商、施工单位等。项目的设计及建造涉及多专业的复杂技术问题，且需要融合建筑艺术、技术和造价的不同诉求，则需付出巨大的努力来确保项目的高完成度。

新建建筑地上部分确定为装配式钢结构体系也经过了多轮论证，主要原因是从建筑形象上考虑，建筑外墙采用竖向钢柱与横向的窗体或次结构体系相组合的方式，可以模拟出川西穿斗木构之意象。其次钢结构跨度大，空间灵活，便于后期改造，室内外公共空间采用无柱设计，变形缝位置均采用滑动支座，确保空间的流畅与通达，同时为了传递川西民居轻盈纤细的感官体验，不断挑战着结构的极限。比如柱距达30m，梁高也要控制在700mm以内；坡屋顶悬挑超过7m，梁高也要控制在250mm以内，这些都是钢结构才能办到的。当然钢结构体系工期短，能尽快营业对于商业建筑也是一个很重要的选择原因。

从城市发展的历程来看，城市空间新陈代谢是社会发展的必然规律。当历史原因使得场景不再时，太古里项目从场域元素的重构视角重构场景，或许为我们未来城市更新，尤其是历史文化区的城市更新提供了更多的一种可能。

设计团队合影

项目小档案

建 设 地 点：四川省成都市锦江区

建 设 单 位：成都乾豪置业有限公司

建 筑 面 积：24.55万m²

设 计 时 间：2012年2月—2014年3月

竣 工 时 间：2014年3月

主要设计单位：中国建筑西南设计研究院有限公司

合作设计单位：The Oval partnership（HK）欧华尔（香港）

　　　　　　　Make Architects建筑事务所（英国）

设 计 人 员：李峰　佘龙　饶雪松　张纪海　冯远　迟春　廖理　朱彬　张敏　李波　杨槐　路越　王周　查星任
　　　　　　　王欢　曾德萍　张煜佳　张刚祥　任宇　杨明　熊志伟　吴靖　齐奇　陈勋　许明姣　余飞　胡理
　　　　　　　李铭　殷兵利　南艳丽　王晓

整　　　　理：王欢

（项目介绍照片来源：存在摄影）

廖方

华东建筑设计研究院有限公司设计中心方案创作部总监。东南大学建筑学学士、建筑学硕士；高级工程师，国家一级注册建筑师，国家注册规划师；上海市五四青年奖章获得者。

参与和主持完成盐城市检察院办案技术用房综合大楼、贵阳国际城居住区、厦门海峡国际时尚创意中心、南昌市人力资源和社会保障公共服务中心室内设计、上海市江西中路255号（礼和洋行）大楼修缮工程、张江国际社区人才公寓（一期）、临泉辉隆翔海广场、上海理工大学第三教学楼等工程项目。

在《建筑学报》《规划师》《山西建筑》《上海城市规划》等学术期刊发表多篇科技论文。获得中国建筑学会2017年青年建筑师国际设计工作营优秀提名奖。

设计理念

建筑师是凝聚共识的人。

建筑项目通常牵涉多方面的利益，各攸关方会存在分歧，但建筑最终只能以一个统一的面貌出现，因此只有达成共识建筑才能落地，建筑师要推动建筑创新就要推动凝聚新的共识。

访谈现场

访谈

Q **请谈一谈你接触和实践建筑工业化的过程。**

A 大约十年前在上海世博会筹办期间，我感受到社会上关于建筑工业化的话题明显升温。当时我接触到的相关概念主要集中在两个方面，一是BIM技术，二是装配式建筑。前者主要针对处理复杂设计任务和提高出图质量，后者致力于提高建筑部品的工厂化生产比例。世博会期间也有一些相关的展示案例，提供了实地了解的机会。不久之后我们公司也组建了建筑工业化专项团队，并陆续有一些技术成果诞生并运用于实际工程当中，我参加了一些相关的讨论和竞赛。

2017年起，我担任上海张江国际社区人才公寓（一期）项目的设计总负责人。当时该项目按照土地合同和相关政策要全部采用装配式建造方式，预制率不低于40%或装配率不低于60%。为此，我们针对性地进行了相关的实践探索，按照要求完成了预制装配相关的设计工作。该目计容建筑面积约13万m²，总建筑面积近20万m²，有居住建筑单体19个。该项目已在施工，2018年12月底已有两个单体建筑结构封顶。

上海张江国际社区人才公寓（一期）鸟瞰图

Q 请结合项目实践谈一谈装配式和非装配式建筑的区别。

A 和建设项目的其他部分一样，装配式建筑也有很强的实践性，因为要面对现实的建造问题，理论和工法都要接受实践结果的检验。上海张江国际社区人才公寓（一期）项目提供了一个比较全面的实践机会。首先这个项目是全装修交付的，我们承担的是从修建性详细规划到室内设计的完整全过程设计任务；其次在项目进展过程中根据管理部门的要求，在土建工业化的基础上又增加了室内工业化的内容，整个项目的工业化或者说装配化的覆盖率和装配率都比较高；最后本项目建筑单体类型丰富，有多层和高层两种高度类型，有框架结构、框架剪力墙结构、剪力墙结构等结构类型，有普通租赁住宅和高端人才公寓等功能类型。因此，该项目的装配式工作情况比较复杂，经历比较丰富，我们开玩笑说做这一个项目相当于做了三四个普通项目。

最直观的区别第一是图纸量明显增加。以项目中的多层住宅楼为例，土建建筑专业一栋楼施工图只需要20张左右的图纸，而预制构件加工图的页数超过1000张。图纸作业的内容更多了，工作更细了，有利于设计质量的控制。

第二是设计施工的衔接和协作方式发生了变化。以往设计文件审图通过后交付施工单位消化理解，之后进行施工交底和答疑，未尽事宜再在施工过程中通过工作联系单、技术核定单和设计变更单等文件予以完善，施工现场具有一定的"容差性"。而由于预制构件是在异地的工厂加工的，工地现场的变更调整的余地大大缩小，因此要在开工前把工作做得更周到。预制构件的深化设计环节很大程度上预演建造过程，一些构件信息还要进入主体设计单位的设计文件提交审图。这就在很大程度上将"施工交底"这一环节从"会议交谈式"转变为"图纸作业式"，设计与施工的衔接和协作方式有了明显的变化。

第三个直观的差别是预制装配式建造对施工条件提出了更高的要求，主要是由于建筑部品尺寸和重量的规格化要求更高的施工机械化程度。相较于建材原料，预制建筑部品在运输、堆放、起重等各环将需要更大的设备、更大的空间、更大的动力，这些都对施工组织方案提出更高的要求，有些因素甚至在设计阶段就要预想好。

Q 你如何看待预制装配式的标准化与建筑需求多样化的矛盾？

A 设计就是不随意，所以标准化本身就是设计的内容之一，能统一规格的要尽量统一规格，这也应是建筑师的基本素养。虽然现实社会中不乏标新立异的建筑形式，但最量大面广的建设项目一定是有理性基础的，是有规格有标准的。所以我相信主流的建筑设计的价值观还是理性的，

上海张江国际社区人才公寓（一期）总平面图

上海张江国际社区人才公寓（一期）工地鸟瞰图

多样化需求落实为实体建筑的过程本身就是一个趋于标准化的过程。

我们经常讨论建筑师的角色问题。建筑师的角色取决于建筑师的作为。如果建筑师只是作为建设单位的"尾巴"，去事无巨细地迎合所有需求，设计的过程一定是曲折坎坷的，因为这些需求本身可能就有互相矛盾互相冲突的地方。所以，这里就回到我回答前面一个问题中提到的观点，我们通过做好预制装配式建筑的目的是要提高建筑设计的水准，要推动更好地发挥建筑师的积极性和智慧。如果只是简单的"配结构""得分达标"，那么采用装配式就失去了"初心"。这里也常见一个误区，那就是把技术进步应该为工作生活提供更多的"选择性"和"随意性"混淆了，技术进步的目的是让生产生活"更好"，而"更好"的东西都不是随意产生的。

另外，标准化并非"规格少"。现在至少就有两种兼顾标准化和丰富性的途径。一是标准化模块的多样化组合，二是可调节式边模的预制钢筋混凝土部品制造技术，前者是基于层次结构的认识，后者是制造业常规的一种容差机制。这里还是回到上面的概念，"多样化"和"随意性"是两回事，事实上，遵循工程技术规律本身就是建筑创作的一个规矩，不能把"奇奇怪怪"当作创意。

Q 采用预制装配式需要什么新的设计工具？

A 一方面预制装配式面向更完善更连续的建设过程，因此需要更流畅的"信息链"，另一方面预制装配式作为一种技术进步，必然是要把一部分原先需要人做的事情交给机器去做，这是技术进步的本质。这两方面的结合就需要新的信息化、集成化的工具，我感觉就是BIM技术。

BIM技术不仅是设计工具，而且是可以覆盖建设全过程的。如果说当年CAD让我们"甩图板"，那么BIM技术可以"甩图纸"，实现"全数字链"。建筑工业化不仅要求更高的施工机器化程度，也要求高的设计机器化程度。我们已经越来越多地在实际工程项目中运用BIM技术，相信随着实践的积累，工具一定会不断发展优化。

建筑工业化是一个总体的命题，不仅要求工业化的建造，也要求工业化的设计。我的理解是，前者是后者的结果，后者是前者的前提。而设计的工业化至少包括流程和工具这两大要素。从以往经验看，严密的流程也必然要通过严密的工具实现。这也是一个整体性的变革，首先需要建筑师转变一些固有观念，主动扮演好"工业时代建筑师"的角色。

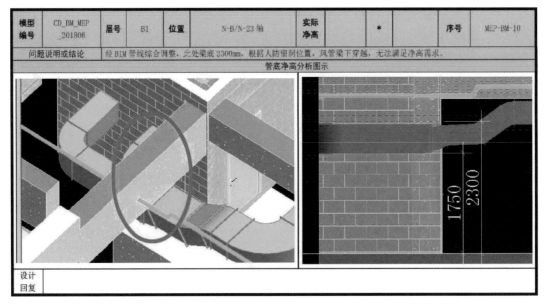

模型编号	CD_BM_MEP_201806	层号	B1	位置	N-B/N-23 轴	实际净高		*		序号	MEP-BM-10

问题说明或结论	经 BIM 管线综合测量，此处梁底 2300mm，根据人防留洞位置，风管梁下穿越，无法满足净高需求。

管底净高分析图示

设计回复	

上海张江国际社区人才公寓（一期）BIM管道综合及净高分析报告单页

Q 你刚才提到建筑师的角色，请谈谈在装配式建筑设计过程中建筑师的作用。

A 装配式建筑设计也是建筑设计，这其中建筑师的角色和作用似乎不用讨论。但现实中建筑师的地位和作用确实还缺少必要的社会共识，这也导致对装配式建筑认识上的一些差别，比如简单地把装配式和现浇式横向比较、把装配式深化设计简单地作为主体设计之后的一个配套工种等。

一方面，我理解装配式建筑或者建筑工业化提法本身就揭示我们面对的是工业时代的建筑设计和建造，建筑师自身要主动理解和适应工业时代。

另一方面，我认为建筑师要把装配式作为一种设计方法贯穿设计始终，才能最大限度地发挥装配式的优势。当然这一点光靠建筑师是不够的，还需要管理部门、建设单位、配套供应商的整体协作。其中很重要一点是要找到适合装配式的形式语言。举个例子，装配式外墙的部品之间会有缝，这个缝怎么处理。如果只从性能上考虑，用填缝剂填充掉就可以了，但这样的外观自然不如现浇整体的效果。如果在立面设计的时候就把装配缝隙当作一个造型元素加以统筹考虑，则不仅能够获得更恰当的外观效果，还能体现装配式的特色，形成新的富有趣味的造型逻辑。

近年来，我国的新型装配式建筑快速发展，已有不少经验。但从全行业范围来看，装配式还是一个新事物，有这方面经验的建筑师还是少数。这就需要扩大这一方面的交流和讨论，互通有无，相互启发。除了座谈、参观、培训等"动口""动眼"的形式，还可以引入工作营这种"动手"的形式，相信会有更好的效果。这除了政府管理部门、建设单位、设计单位等主体，还需要依靠学会协会等社会组织，推动各方形成合力。（廖方、查竹君整理）

访谈后工作合影

图1 总效果图

张江国际社区人才公寓（一期）

设计时间	2017-2019年
竣工时间	计划2020年
建筑面积	19万m²，其中计容建筑面积13万m²
地 点	上海市浦东新区

1. 项目背景

2017年7月，上海市人民政府原则同意《张江科学城建设规划》（沪府〔2017〕68号）。《规划》显示未来的张江科学城将围绕"张江综合性国家科学中心、科创中心建设核心承载区"目标战略，实现从"园区"向"城区"的总体转型。

张江国际社区人才公寓（一期）项目是张江科学城为落实《规划》将重点建设的"四个一批"58个重点项目之一（一批城市功能项目）。项目位于上海市浦东新区申江路以东，科农路以北。项目用地面积6.5万m²，容积率2.0。项目规划地上地下总建筑面积19万m²。计容建筑面积约13万m²，其中住宅建筑面积约11.7万m²，配套商业服务建筑面积约1.19万m²。

张江国际社区人才公寓（一期）项目也是落实国家和上海市加快发展住房租赁市场的举措。自2016年5月起，国务院、相关部委、上海市政府及相关委办相继出台了一系列文件，推动培育和发展租赁住房市场。这些文件对租赁住房建设提出了一些新的经济技术条件和要求，包括市场培育阶段的土地供应方式、全持有用于市场化租赁的经营方式、开放式街区的规划模式、围合式的建筑形式、装配式和全装修的建造方式。

2. 设计创新

由于租赁住房建设面临的新的经济技术条件和要求是多样的，因此本项目的装配式建筑实践是一次复合式创新的组成部分，是复杂项目条件下的一次探索。为此，设计自觉转变观念，努力把装配式的理念融入项目实际，贯穿工作始终。

首先，设计在方案阶段就将装配式要求纳入考虑因素，平衡围合式建筑形态、造型房型丰富性和模块化、规格化之间的关系。方案将建设单位需求的三档户型设置为分户墙轴线尺寸7.2m×8.2m、7.2m×10m、10m×10m的规则形状，走廊轴线宽度1.8m，在这3种分户规格中再细化不同的房型，相邻档次户型之间平整衔接（8.2+1.8=10），以便深化过程中各档户型配比的灵活调整。

图2　沿街效果图

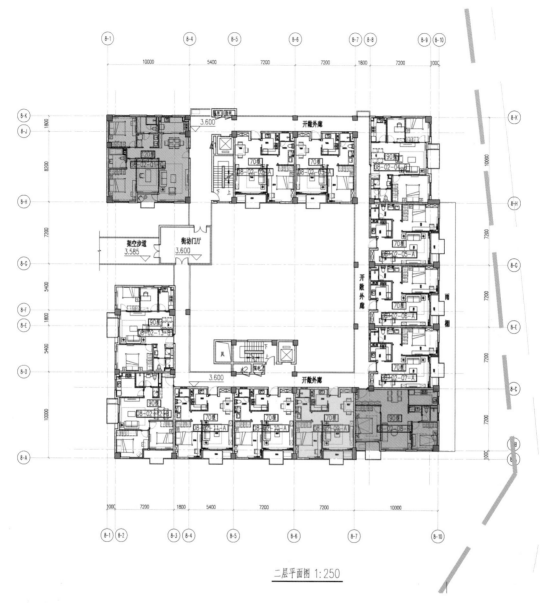

二层平面图 1:250

图3　典型街坊平面图及三档户型轮廓形状

　　其次，设计根据项目单体不同的结构体系分类给出预制装配方案，并根据项目实施的实际条件，在有关政府管理部门的指导下合理调整不同类型单体的预制率，做到尽力而为、量力而行，妥善处理好政策导向和现实条件之间的关系。本工程的预制构件包括：预制柱、预制叠合梁、预制叠合楼板、预制楼梯、预制阳台板、预制外墙、预制剪力墙内墙等。所有工程做法都符合当前国家标准和技术规程，以确保项目的顺利实施。

　　最后，项目为全装修交付，由于住宅层高有限，有部分管线需要穿过预制构件。为确保装修效果和机电设备安装运行要求，设计在预制构件深化图阶段注意预留预埋的校对复核。

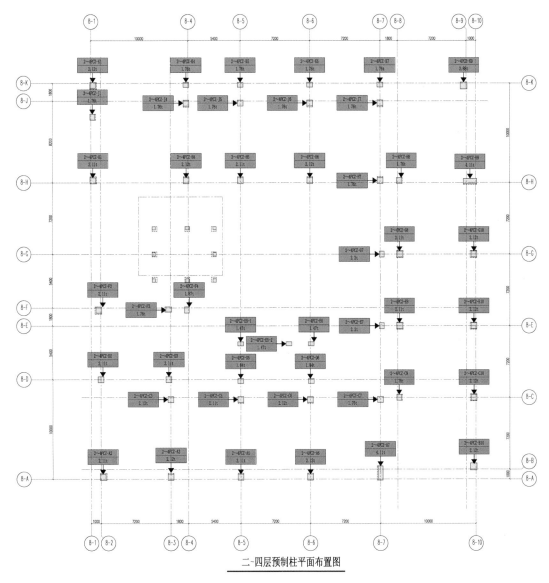

二~四层预制柱平面布置图

图4　典型街坊建筑预制柱布置图

　　至2019年4月，该项目两栋样板楼已结构封顶，楼内多个户型的样板间精装修基本完成。我们期待通过该项目实践深化对建筑工业化的理解，并评估建成的实际效果，总结经验，进一步优化该类建筑预制装配式设计的方法。

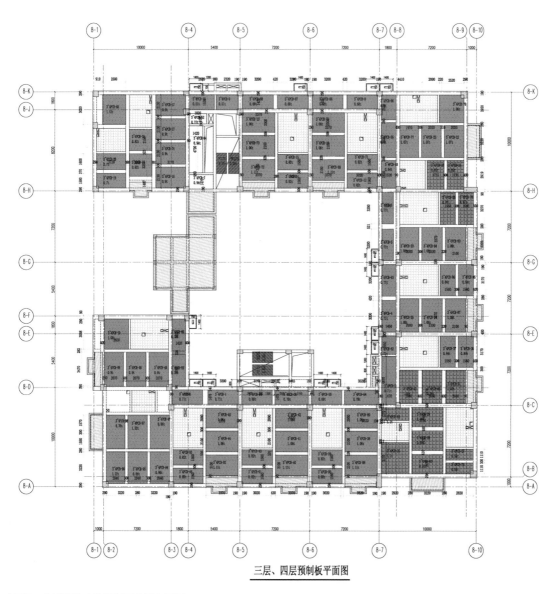

三层、四层预制板平面图

图5 典型街坊建筑预制叠合板布置图

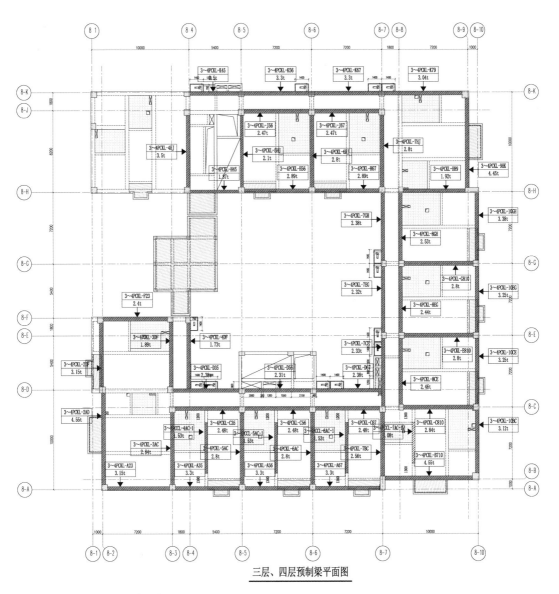

三层、四层预制梁平面图

图6 典型街坊建筑预制叠合梁布置图

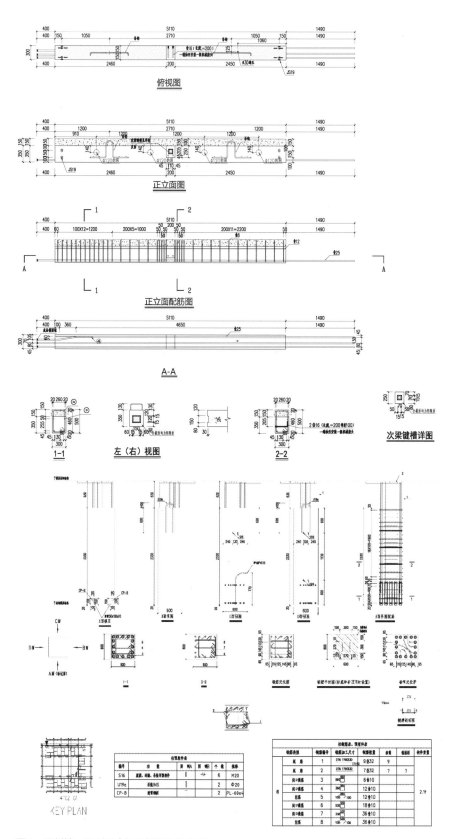

图7　预制柱、预制叠合梁预埋预留深化图

图8 项目工地航拍图（目前进场塔吊6台，共设计塔吊基础14座，较高的塔吊密度反映出装配式建筑高于现浇方式的起重能力要求）

设计团队合影

项目小档案

项目设计团队

项 目 经 理：徐蕾

设计总负责人：刘敏华 廖方

建筑专业负责人：温泉 施韵

结构专业负责人：靳飞 孙磊

机电专业负责人：郑海安 谭亮亮 经烨涛

PC深化设计负责人：徐晓珂

整　　　　理：查竹君

苏世龙

曾于美国旅居8年，期间获得林肯大学建筑学学士学位及密歇根大学建筑学-智能建造硕士学位。进修期间主要致力于建筑参数化、BIM数字化设计以及建筑智能建造与建筑新兴材料的研究，参加各类国际建筑方案竞赛和国际展览。回国后曾就职于北京市建筑设计研究院，任职期间参与各类公共建筑、住宅、办公建筑及国际合作项目的设计工作。2017年10月加入中建科技深圳分公司负责装配式建筑智能建造及机器人智能建造研究至今。主要负责中建科技装配式建筑智慧建造平台研发、政府职权部门平台研发部署、私有云大数据部署及智慧建造机器人研发工作。

设计理念

科技智造，云联未来。

我坚信未来是以数字孪生建筑及机器人智能建造带动装配式建筑产业智慧化转型，逐步实现智慧建造，打造智慧建筑，最终实现对建筑本身所能给予的获得感的提升。同时，建筑智造产业一定会以机器人智能建造为导向，实现人与机器的协同工作，从而推动执业人员专业水平，拉动产业工人结构分配，实现智慧建造。通过物联网手段结合建筑云端大数据模型实现建筑全生命周期数据汇总，以信息化手段实现空间、建筑与人的立体化信息交互，赋予建筑生命，实现智慧建筑。

访谈现场

访谈

Q　**你好，请简单介绍一下个人经历。**

A　出于对建筑学的热爱，我在2008年到美国读了建筑学本科，当时以扎哈为代表的数字化设计刚刚兴起，参数化设计是我主要的研究方向，求学期间同时学习到了一些国外先进的BIM技术及数字设计的理念和技术。在2012年完成学业后，回到了北京，加入了北京建筑设计研究院十所，从事建筑设计工作。当时作为一名年轻的建筑师，我参与了多个项目，其中包括公建、住宅，以及展厅等。诸多项目中，对我最具有里程碑意义的项目是与前任哈佛建筑系主任——Preston Scott Cohen 合作的安徽省科技馆。

大概到2015年，整个建筑行业处于一个瓶颈期，在这期间，行业发展迟缓也引发了我对建筑与自身的重新思考和定位，结合我个人的一些想法，在2015年，我又回到美国，在密西根大学开始研究生学业。因为密西根大学在智能建造领域的前瞻性和个人的参数化设计基础，为我在研究生阶段进入美国第一批数字建造实验室提供了一个契机。在数字建造实验室中，我不仅深入学习了机器人、数控机床等比较前端的智造技术，还参与了人与建筑交互、建筑新兴材料方面的研究。毕业后经过慎

安徽省科技馆

重考虑，我放弃了留校，果断选择回国。

我认为智能建造与装配式建筑有很高的契合度，因为建筑行业的材料、环境及人力瓶颈逐渐明显，装配式建筑必然是未来走向，而"装配式建筑+智能建造"必定会是大势所趋。我认为能参与到建筑业转型发展的这个浪潮里并作出自己的一份贡献是我的荣幸，所以回国之后我就来到了中建科技从事智能化建造。

Q **你觉得中国的建筑工业化应该怎么发展？**

A 第一，中国的建筑市场环境具有特殊性，中国政府推广因素会大于市场需求因素，一般是由政府的政策导向来完成市场的转变。如今国家在大力推广装配式，我个人认为这是一个非常好的现象，以深圳为例，深圳政府对装配式建筑的推广力度非常大，尤其是以政府作为投资方的公共建筑及保障性住房项目的装配式建造在整个市场的走势日益加强，从而在一定程度上刺激了建筑行业对装配式建筑的需求。

第二是设计院装配式设计思想的转变和构件供应链的建立。装配式建筑不仅仅是一个施工方式，从前端设计就开始的设计理念，装配式建筑的思想就要贯穿到设计中去。设计形势和意识的转

美国密西根大学数字建造

变，再结合BIM技术，将对装配式建筑起到至关重要的推动作用。同时现在全国各地日益增多的装配式构件工厂和日益成熟的构件供应链体系也为装配式建筑的构件供应提供强有力的保障。

第三是施工。施工在技术方面是比较成熟的，主要问题在于建筑工人中，青年工人占全部工人的比例非常低。以我们中建科技项目为例，现在在册的实名制工人已经有3000多人了，但是20~30岁这个区间的工人占全部工人总数不到5%，大部分都是从传统建筑阶段过来的年龄在50~60岁的工人。因为装配式建筑对于工人的专业素养要求比较高，他们对装配式这种技术的掌握程度还不够。因此，专业建筑工人的匮乏将会成为装配式建筑发展道路上的一个瓶颈，所以培养具有专业能力的产业化工人是唯一的解决方案。

Q **你觉得中建科技EPC模式对装配式建筑实现具有何种优势？**

A 国内传统建筑的产业链条分割性特别强，设计院、甲方单位、施工单位相互掣肘，由于三方工作职责及利益不同，各个角色间协作效率低下。如果想改变牵制状态完成全产业的建筑信息数字化，实现指挥建造就必须从源头抓起，由设计院牵头，将原来的牵制关系变成一个合作关系、共赢关系，这也是为什么中建科技在装配式建筑领域占有一定地位的原因。中建科技采用

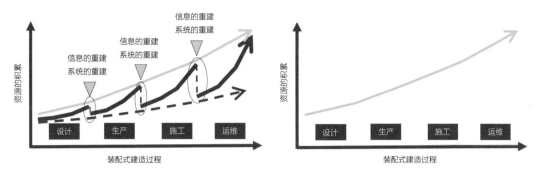

EPC模式优化施工效率

集设计、采购、生产、施工、运维（EPC）工程总承包的管理模式，极大简化了项目设计建设过程中的协同成本，提高了项目在设计与现场的优化效率，也简化了甲方的工作，对于甲方来说，只要提出相关项目使用需求即可。

在EPC工程总承包的模式下，由于项目的设计、生产、施工是一个具有共同目标、共担责任的团队，所以不会存在在传统的设计优化中，由于设计单位对施工单位的施工做法缺乏了解所导致的设计阶段成本或材料的浪费；也不会存在对于合理优化的实施，必须请甲方去落实和协调各个分包才能推进的尴尬局面。

Q　目前国内有没有打通全产业链的装配式智慧建造案例？

A　长圳项目幼儿园就是一个典型的案例，从设计阶段BIM开始介入，完成对整个楼宇的正向BIM装配式设计并通过装配式体系完成构件深化工作，完成构件深化后，以构件为单元生成包含构件全部信息的二维码。在设计进行到构件深化阶段时，商务部门和构件生产工厂介入其中，商务部门负责指导招标采购，工厂负责对装配式构件的深化的合理性提出相应建议。当模型结构层设计确定后，工厂在生产的时候可以利用在数字化设计阶段产生的唯一的二维码获取构件信息进行生产，工厂构件生产完毕后，再通过相关系统将构件的生产信息反向录入到构件二维码中，使构件数据进一步完善；然后将构件运输到施工现场，进行签收、吊装、验收等现场施工，并通过扫码提交的形式，将对应的施工数据继续反向补充到构件信息中。

对于最小管理单元——构件来说，它不仅完成了在设计阶段一个单元数据库的建立，它还完成了后续各个环节所产生的数据的积累。而构件全生命周期的数据最终会上传到平台，以轻量化的BIM模型作为数据载体，以三维的形式在线上进行汇总展示。同时通过项目的不同构件的组成，完成长圳项目幼儿园的数据体系建立。

长圳保障性住房附属幼儿园建筑BIM轻量化模型

长圳保障性住房附属幼儿园建筑

Q 你对中国的建筑产业变革，有什么好的建议？

A 我觉得第一个就是对人才的积累非常重要。在传统的建筑行业，设计人员素质远高于施工人员，建筑师的社会认可程度远高于建筑工人的社会认可程度，我希望以后这两者的差距可以持平，因为当建筑行业中各专业的人才逐步增多，才能使产业内的人对产业的认同感增强，这样才会吸引更多的人才进入建筑产业中去平衡它的人才分布。同时，信息化技术在建筑领域的应用也在不断加强，只有把产业内的人的专业素养提高了，产业本身的技术能力和智能化程度才会有更好的转变。

第二个就是必须要去推广装配式设计理念，我们可以通过学校培训、社会教育机构等方式去使建筑师具备这种理念，并且要结合项目在设计阶段就要以装配式的思维去进行设计。我们接触到的有些建筑师，他们在学校的学习阶段并没有深入学习到装配式建筑的理念，只是认为这个行业是新兴的，是未来的一种新的建造方式。现如今，建筑行业大体上分为传统的现浇建筑和新兴的装配式建筑，要想完美地打造一个项目必须在设计阶段就要以装配式的思想去设计，保证建筑所需构件较高的标准化程度，这样才能提高构件的重复使用率，减少不必要的人工、时间、材料及能源成本的浪费。这些知识和思想必须在设计阶段将传统设计思维转变成装配式思维才能得以实施。

Q **在装配式建筑推进过程当中，你们对成本是如何预测的呢？**

A 对成本的把控是我们的优势之一，我们的优势是"五化一体"与EPC工程总承包管理模式。我们拥有一个完善的项目团队，当设计师设计的时候，他可以在符合实际要求并满足质量标准的情况下，对材料进行合理利用。在施工的时候，因设计师对施工情况的不了解造成的成本增加，施工团队可以提出相应的建议，我们的设计团队根据现场要求进一步优化。这样不仅可以保证建筑的质量，还有利于避免成本的增加，减少资源的浪费。但是如果设计院是外部的，它不会考虑施工成本，它只负责设计后收取相应的费用，对施工单位没有任何责任，由于三方利益冲突的原因配合程度较低，导致成本上升。所以说要想减少成本，三方必须拥有共同的目标和共担责任，而EPC工程总承包管理方式将是实现建筑项目协作团队建设的一种手段。中国有一个独特的地方就是存在央企，其他西方国家都没有这个概念，都是独立经营体，而中国央企可以做到根据项目需求进行资源整合和调配，这不仅是中国快速发展的一大优势，也是央企对于产业转型要起到带头作用的原因之一。还有就是设计构件的标准化，当项目中所需构件种类较少，定制化构件数目较少的时候，通过提升每一种构件的使用频率，生产构件成本就会降低，总体的成本也会随之减少。

装配式建筑智慧建造平台

数字设计 云筑网购 智能工厂 智慧工地 幸福空间

中建科技集团有限公司
CHINA CONSTRUCTION SCIENCE & TECHNOLOGY LTD.
粤ICP备18054894号

图1 装配式建筑智慧建造平台首页

中建科技装配式建筑智慧建造平台

开发时间 | 2018年
地　　点 | 中国　深圳

中建科技装配式建筑智慧建造平台（以下简称智造平台）是中国建筑作为建筑业引领者践行"中国制造 2025"的责任和使命。融合设计、采购、生产、施工、运维的全过程，突破传统的点对点、单方向的信息传递方式，实现全方位、交互式信息传递。

　　智造平台将设计、生产、施工的需求和建筑、结构、机电、内装各专业的设计成果集成到一个统一的建筑信息模型系统之中，系统建立了模块化的构件库、部品库和资源库等，不仅支持查询图纸信息、材料清单信息、施工安装信息、构件施工进度信息，实现了各参与方基于同一平台在设计

图2　智慧数据总览页面

图3　锦龙学校

阶段提前参与决策、工作过程实时协同、构件及部品的属性信息适时交互修改等功能，而且还将数字信息模型作为信息的载体应用于采购、生产、运输、施工等环节。

BIM技术是建筑信息的集成，利用BIM完成产业链整合，更好地使装配式建筑落地，是未来建筑行业发展的大趋势。

我们在锦龙学校项目中，采用智造平台作为BIM信息模型在项目落地使用的载体。

锦龙学校项目采用研发、设计、采购、生产、施工总承包（简称REMPC工程总承包）模式，智造平台全面配合项目的研发、设计、采购、生产、施工、运维每个环节的信息化应用，帮助现场控制项目进度，利用信息化手段全面统筹项目管理，实现BIM全过程应用，让BIM技术在该项目尽其所能施展力量。

1. 三全BIM应用落地

在设计之始，平台已经开始发挥力量。我们采用全员、全过程、全专业BIM（简称三全BIM）的创新模式，对锦龙学校进行了建筑、结构、机电、内装、预制构件设计的深化。

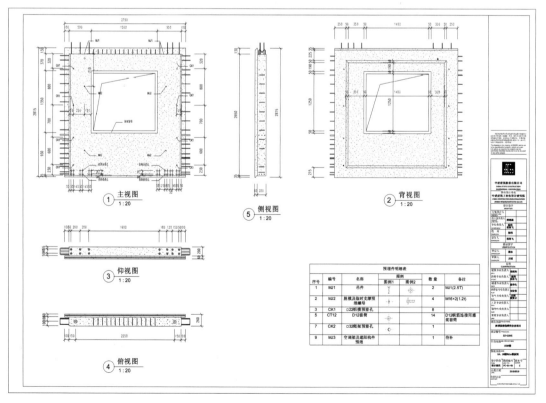

图4　预制构件深化

完成深化设计后，将数字化的设计成果用于智慧建造平台线上应用中。在平台的数字设计模块，可以直观浏览到BIM数据成果，并且通过平台上各大模块的数据交互，对数据资源共享共用，使得设计信息成果全面服务于全过程。

利用智造平台轻量化引擎功能，线上轻量化BIM模型，并将轻量化模型按照设计专业进行结构划分，可直接查看建筑、结构、机电等不同专业。

图5　预制构件属性写入BIM模型

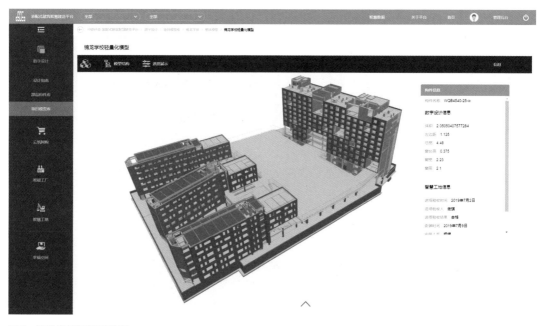

图6　锦龙学校轻量化模型

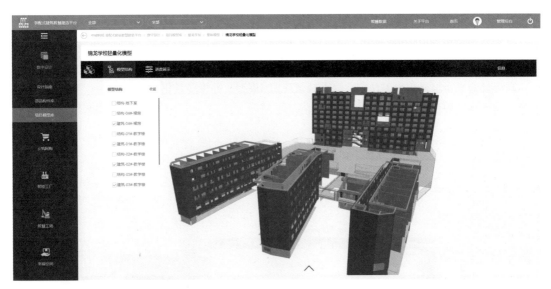

图7　建筑信息

图8　结构信息

2. 算量造价一步到位

中建科技锦龙学校项目依托BIM算量技术和云筑网招采平台完成招采环节，打通设计与招采的数据通道，突破条块分割的建造模式下产业链的信息化壁垒，是全过程应用中重要的连接。

基于标准化的BIM数字设计和工程量计算功能，自动生成项目工程量和造价清单，将BIM造价成果与云筑网购中招采部分互联互通。在平台上可以直接浏览项目造价清单，招采数据一目了然。

图9 锦龙学校造价信息

3. 工厂生产数据互通

在锦龙学校施工过程中,智造平台结合设计、施工、生产三方信息,将BIM模型信息转化为工厂智能装备能够"读懂"的信息,打破建筑业和制造业的信息壁垒,实现钢筋加工、物料转运等制造过程的智能化。并利用工厂管理系统充分调用工厂的资源,找到最佳的组合排产结果,直接向工厂发送排产信息。

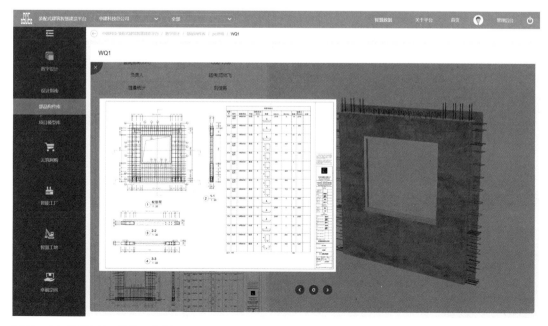

图10 在智造平台读取构件深化数据

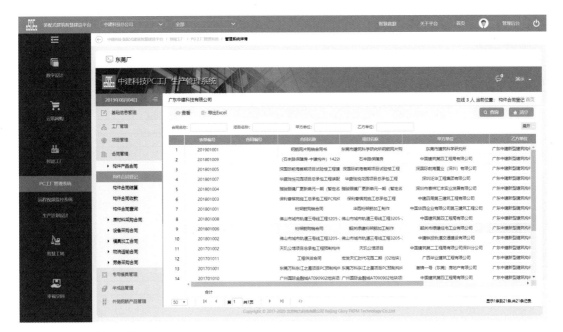

图11　工厂ERP管理系统

4. 构件追溯协助设计落地

为进行锦龙项目的工程质量管控,构件追溯体系使项目建设过程的每一个环节都被定格,每一个构件从设计到使用整个过程都能记录下来。

构件追溯体系是基于互联网的数据交互及应用技术:突破BIM技术常用的数据读取方法和应用瓶颈,通过制定统一的数据标准,应用中建科技自主研发的二维码系统,自动抓取智造平台BIM轻量化引擎所产生的具有唯一性的预制构件和部品部件的二维码信息,实现构件的数据身份认证和物理三维定位。并将过程可追溯数据通过二维码的形式向后续各环节传递。

图12　锦龙学校构件数据总览

在智造平台构件追溯功能中，可以看到锦龙项目构件的状态、责任单位、位置信息、时间信息、二维码信息等，通过关键字模糊搜索，快速筛选出需要的信息。

在轻量化模型中查看锦龙项目构件状态信息，选中部分的构件会在模型中以不同色差展现出来。

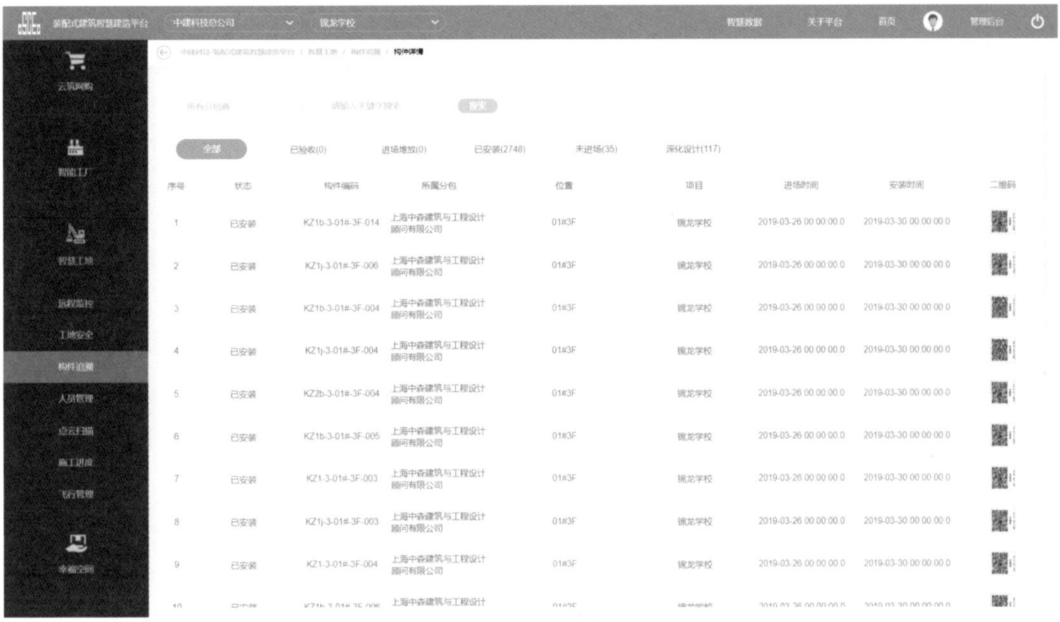

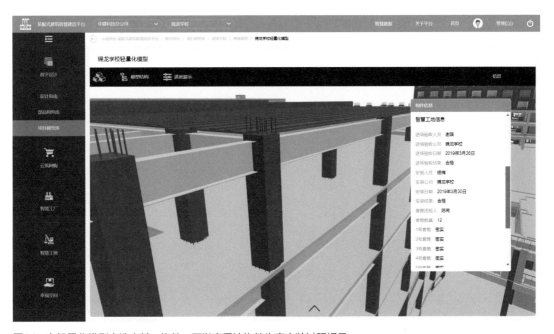

图13 锦龙学校的构件安装记录

图14 在轻量化模型中选中某一构件，可以查看该构件生产安装过程记录

图15　已安装构件展示

图16　构件状态过程记录

5. 解决BIM技术与装配式建筑的信息化配合问题

　　装配式智慧建造平台在锦龙学校项目的应用，是对BIM技术在建造过程中落地使用的积极探索，为锦龙学校保存下建筑信息全记录，是装配式建筑领域建造全过程信息化应用的范例。

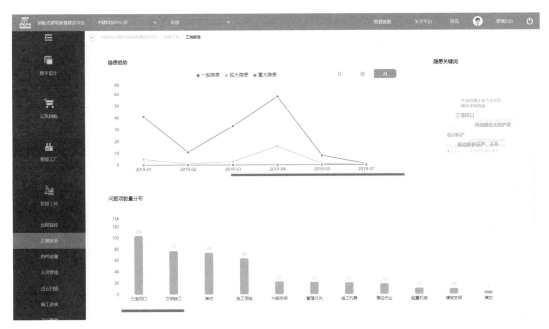

图17　BIM轻量化模型挂接质量安全数据

在锦龙学校项目中，我们利用智造平台轻量化模型数据回溯功能，将施工中的安全和质量管理数据二次写入轻量化模型中，结合模型自带的设计、生产信息，最终形成一个包含项目全生命周期的孪生数字建筑模型，为后续运维阶段提供精确、详细的数据基础。

无人机航拍建模是我们在锦龙学校项目上的另一个落地技术，通过无人机航拍的超高清图片，真实还原项目现场形象进度。

图18　2019年1月无人机航拍模型

我们在传统VR可视化技术基础上，将项目施工信息添加到VR场景模型中，穿透表面的可视化图层，直接读取BIM模型数据，直观了解场景数据信息。

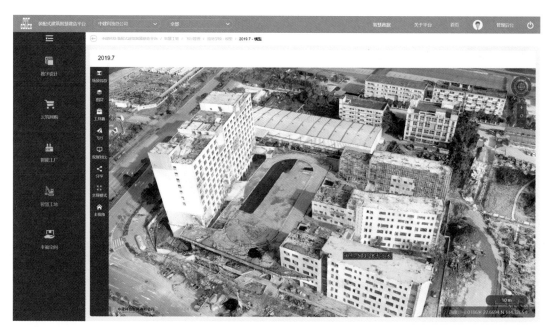

图19　2019年7月无人机航拍模型

图20　DIY自主更换室内家居

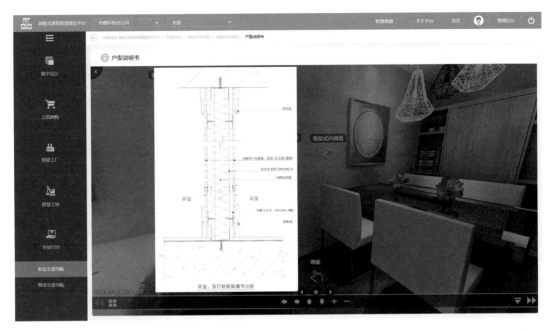

图21 读取内部隐蔽施工信息

项目小档案

项目名称：中建科技装配式建筑智慧建造平台

研发单位：中建科技有限公司

实施项目：裕璟幸福家园、坪山高新区综合服务中心、长圳公共住房项目

研发团队：樊则森　叶浩文　张仲华　孙晖　李新伟　周冲　李张苗　苏世龙　滕荣　常运兴　赵亚莉　薛亚飞　简伟宏

整　　理：常运兴　薛亚飞

DigitalFUTURES
Shanghai 2020

同济大学
TONGJI UNIVERSITY

Machine Intelligence

机器智能

第十届上海"数字未来"暑期工作营

暨"数字未来"建筑设计国际博士生项目
第二届"数字未来"国际本科生竞赛
第二届"数字未来"数字设计与机器人建造国际会议

"数字未来（DigitalFUTURES）"创办于2011年，由同济大学建筑与城市规划学院主办的一系列会议、工作营、展览及国际博士生项目构成，旨在促进各学术机构中数字设计和智能建造的理论与科学研究，并鼓励国际合作与互动。在全球最杰出机构的顶尖专家教授带领下，九年来的实验性数字工作营传统，使"数字未来"暑期工作营在创办数年间成为全球受欢迎和先进的工作营之一。

"数字未来（DigitalFUTURES）2020"将以**机器智能 (Machine Intelligence)** 为主题关注机器人建造与机器学习（人工智能分支）领域，并将讨论数字技术在建筑中的其他用途，如计算设计、交互设计、虚拟现实与增强现实等。

FURobot

建 筑 行 业 专 属
机 器 人 编 程 平 台

精 于 多 种 工 艺 路 线 · 适 用 于 多 种 机 器 人 品 牌

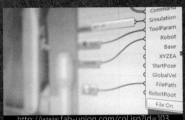

http://www.fab-union.com/col.jsp?id=103

FURobot 是一造科技自主开发的面向建筑产业的机器人编程平台。
FURobot 的目的在于将设计流程与建造流程进行无缝对接，让设计人员及其他建筑行业从业者可以更简单地介入到机器人建造流程中。基于设计模型环境的机器人模拟与编程模块，可以实现在设计环境内的机器人编程。基于参数化平台的工艺模块继承了一造科技研发团队多年研究与实践中得来的工艺参数，可以帮助使用用户实现建造工艺的快速部署，极大地方便了原型产品的快速生产和小规模试制。

上海一造建筑智能工程有限公司

http://www.fab-union.com

newbusiness@fab-union.com

+86 21 65029794

中国，上海，杨浦区

军工路 1436 号 36-38 栋

CCDG

中建设计集团有限公司是世界最大投资建设集团——中国建筑集团有限公司的全资子企业，是国内技术领先、专业齐全、服务卓越的集团化大型国有工程设计咨询企业。深入践行"智造幸福"的企业宗旨，统筹推进规范化、专业化、一体化、信息化、区域化、国际化的"六化"发展策略，提供涵盖投资、咨询、规划、设计、建造、运营的全产业链服务，倾力打造国际化的科技型工程设计咨询企业集团，全心助力中国建筑集团创建世界一流示范企业。

中建设计集团以科学发展观为指导，以品质保障和价值创造为原则，推进建筑工业化快速发展。先后在国内外完成了众多有影响的工程设计，荣获国家、省、部级奖项120余项。在装配式建筑方面，承担国家"十二五""十三五"科研课题研究、参与国家规范、规程编制等多项工作，从事装配式建筑领域10年来，完成近千万平方米实际装配式建筑工程。并在2017年获得首批"国家装配式建筑产业基地"，以科研成果引领工程实践，不断取得新成果。

http://ccdg.cscec.com/
TEL: 88083900

中国建筑设计研究院有限公司（简称"中国院"）前身为创建于1952年的中央直属设计公司，是中国第一批大型骨干科技型中央企业，主营业务涵盖建筑前期咨询、规划、设计、工程管理、工程监理、专业工程承包、环境与节能评价等。

中国院装配式建筑工程研究院（简称"装配式建筑院"）前身为中国院居住建筑事业部，多年来以提升中国住宅产业化发展水平为己任，具备装配式建筑全专业全流程的设计咨询服务能力，较早开展装配式建筑设计和研究工作。近年来共计完成装配式建筑设计项目几十项，总建筑面积近千万平方米；同时，主持参与住宅产业化研究课题十余项，涉及装配式建筑的材料、结构、内装、设计方法等领域。

装配引领变革，建筑绿色生活！

📞 010-88983610

✉ rad@cadg.cn

🏠 北京市西城区车公庄大街19号

中国建筑设计研究院有限公司
CHINA ARCHITECTURE DESIGN & RESEARCH GROUP

装配式建筑工程研究院
PREFABRICATEE BUILDING ENGINEERING INSTITUTE

项目名称：北京垡头地区焦化厂公租房

项目地点：北京市朝阳区

项目规模：546000㎡

获得奖项：2015中国建筑设计研究院优秀方案一等奖

图书在版编目（CIP）数据

装配式建筑设计／顾勇新，王志刚编著. —北京：中国建筑
工业出版社，2019.10
（装配式建筑丛书）
ISBN 978-7-112-24401-0

Ⅰ.①装… Ⅱ.①顾… ②王… Ⅲ.①装配式构件－建筑
设计 Ⅳ.①TU3

中国版本图书馆CIP数据核字（2019）第228372号

责任编辑：李　东　陈夕涛　徐昌强
责任校对：芦欣甜

落实"中央城市工作会议"系列
装配式建筑丛书
装配式建筑设计
顾勇新　王志刚　编著
*
中国建筑工业出版社出版、发行（北京海淀三里河路9号）
各地新华书店、建筑书店经销
北京锋尚制版有限公司制版
北京富诚彩色印刷有限公司印刷
*
开本：787×1092毫米　1/16　印张：12½　字数：283千字
2019年10月第一版　2019年10月第一次印刷
定价：**98.00**元
ISBN 978-7-112-24401-0
（34790）